JORNADA PARA AS ESTRELAS

COLEÇÃO CIÊNCIA ABERTA

Um Pouco Mais de Azul — *H. Reeves*
Ontem, o Universo — *B. Gatty*
A Origem do Ser Vivo — *B. Gatty*
A Prodigiosa Aventura das Plantas — *J.-M. Pelt e J.-P. Cuny*
Darwin e os Grandes Enigmas da Vida — *S. J. Gould*
O Cálculo e o Imprevisto — *I. Ekeland*
Elogio da Diferença — *A. Jacquard*
A Hora do Deslumbramento — *H. Reeves*
O Círculo dos Fogos — *J. Lizot*
A Mão Esquerda da Criação — *J. D. Barrow e J. Silk*
O Dilema Nuclear — *C. Rubbia* com *N. Criscenti*
A Herança da Liberdade — *A. Jacquard*
O Polegar do Panda — *S. J. Gould*
O Sorriso do Flamingo — *S. J. Gould*
Jornada para as Estrelas — *R. Jastrow*

Próximos lançamentos:

A Falsa Medida do Homem — *S. J. Gould*

JORNADA PARA AS ESTRELAS

O FUTURO DA EXPLORAÇÃO ESPACIAL

ROBERT JASTROW

Martins Fontes

Título original: JOURNEY TO THE STARS: SPACE EXPLORATION TOMORROW AND BEYOND

1ª edição brasileira: novembro de 1990

Tradução: Wilson Roberto Vaccari
Revisão da tradução: Luís Carlos Borges
Revisão tipográfica: Maurício B. Leal
Elaine M. dos Santos

Produção gráfica: Geraldo Alves
Composição: Oswaldo Voivodic
Ademilde L. da Silva
Antonio José da C. Pereira
Marcos de O. Martins
Arte-final: Moacir K. Matsusaki

Capa — Projeto: Alexandre Martins Fontes

Rua Conselheiro Ramalho, 330/340 — Tel.: 239-3677
01325 — São Paulo — SP — Brasil

Índice

Para minha mãe
e à memória
de meu pai

Introdução

Se no espaço existem seres inteligentes, e se de vez em quando esses seres lançam um olhar para nosso planeta, eles observaram algo nos últimos anos que certamente lhes despertou a curiosidade. Nas freqüências de televisão e FM, nosso planeta brilha no céu com mais intensidade que o próprio Sol. Pela primeira vez na história do Universo a Terra tornou-se um objeto visível no céu — um farol que envia sinais para todas as estrelas próximas dizendo que surgiu vida inteligente neste planeta.

Alguns astrônomos não acreditam que nessas estrelas existem seres inteligentes que possam receber nossa mensagem. Para eles, o homem está só no Universo. Outros astrônomos, porém, relutam em aceitar essa conclusão; duvidam que, dos bilhões de planetas no Universo à nossa volta, apenas um teria recebido a magia da vida.

Esses astrônomos assinalam que o Universo tem 15 bilhões de anos, ao passo que a Terra e o Sol existem há não mais que 4,5 bilhões de anos. Assim, se outros sistemas solares abrigam vida inteligente, essa vida deve ter, em média, um bilhão de anos de evolução a mais do que o homem.

Quando pensam que o cérebro humano dobrou de tamanho no último milhão de anos, os astrônomos dizem a si mesmos: seres cuja evolução está um bilhão de anos mais adiantada do que a do homem talvez possuam uma grande capacidade cerebral; como seria interessante conversar com eles e descobrir o que aprenderam a nosso respeito nesse longo intervalo. Diante deles, os maiores pensadores da história humana não seriam mais que crianças. "Aos olhos deles", sugere um observador, "Einstein daria para garçom e Thomas Jefferson para ajudante de garçom."

Até quando teremos de esperar para desfrutar a companhia dessas criaturas tão interessantes? Se os extraterrestres existem, nossos sinais de televisão já os avisaram de nossa presença. Pode ser, porém, que eles considerem nossos pensamentos simples demais para merecerem uma resposta. Talvez seja necessário mais um bilhão de anos para que os seres desenvolvidos do Cosmos julguem os descendentes do homem dignos de sua atenção.

É uma pena termos de esperar tanto tempo para o início desse interessante intercâmbio. Contudo, talvez estejamos subestimando a curiosidade dos adiantados extraterrestres em relação a recém-chegados como o *Homo sapiens*. A inteligência e a curiosidade andam juntas; a descoberta de mundos novos pode ser o maior prazer da vida para um ser altamente inteligente. É difícil de acreditar que os seres adiantados — se é que existem — não visitaram o Sistema Solar pelo menos uma vez em todos esses bilhões de anos. E, depois da primeira vez, será que eles não retornariam de vez em quando para ver como estava se saindo a nova forma de vida?

De fato, na imprensa surgem regularmente relatos de tais visitas. Tenho, porém, minhas dúvidas quanto à veracidade dessas notícias, pois os seres descritos nas experiências de contato com OVNIs geralmente são humanos demais para corresponder às expectativas dos cientistas quanto a uma forma de vida tão à frente do homem a ponto de conseguir atravessar o vácuo entre as estrelas. Os visitantes extraterrestres são quase sempre descritos como "humanóides". Diferem dos humanos em tamanho e em detalhes, mas têm sempre o mesmo plano básico — são feitos de carne e sangue, possuem quatro membros, dois apêndices para segurar coisas e uma cabeça falante.

No entanto, formas de vida como essa só surgiram na Terra há algumas centenas de milhões de anos. Em vista dos 15 bilhões de anos do Cosmos, é um período curto. É possível que o nível de desenvolvimento dos extraterrestres que visitam nosso planeta aproxime-se em algumas centenas de milhões de anos do nível humano, mas isso não é muito provável. A maior parte dos seres vivos do Universo — se é que existem outros seres vivos — está vários bilhões de anos à frente ou vários bilhões de anos atrás de nós. Tais criaturas, distanciadas da humanidade por bilhões de anos de evolução, não se parecem em nada conosco.

A história da vida na Terra dá-nos uma idéia das mudanças que a evolução pode operar nas diversas formas de vida durante um bilhão de anos. A vida surgiu em nosso planeta há cerca de quatro bilhões de anos. Em um bilhão de anos ela evoluiu para o estágio de bactéria e outros organismos unicelulares. Dois bilhões de anos depois — ou seja, há um bilhão de anos —, a evolução chegou ao nível de animais de corpo mole semelhantes à minhoca e à água-viva. Há um bilhão de anos, essas criaturas eram as mais evoluídas do planeta. No último bilhão de anos, segundo os registros fósseis, os animais em forma de minhoca evoluíram até a forma humana.

Com tal conhecimento, obtido a partir dos registros fósseis e de provas astronômicas da antiguidade do Universo, o que podemos esperar quanto à natureza da vida em outros sistemas solares? Se está um bilhão de anos atrás do homem, essa vida provavelmente acha-se no nível das criaturas vermiformes que eram os organismos mais avançados da Terra há um bilhão de anos. Nesse caso, essa vida não teria como dominar a tecnologia necessária para viajar até o nosso Sistema Solar. E, se a vida em algum outro planeta é um bilhão de anos mais antiga do que a nossa, ela está tão longe de nós quanto nós estamos da minhoca — tão mais desenvolvida que não guarda nenhuma semelhança com o corpo, a mente ou os desejos dos seres humanos. Essa linha de pensamento leva-me à seguinte conclusão: os extraterrestres chegados à Terra vindos de outra estrela provavelmente seriam tão diferentes do tipo de vida que conhecemos que, ao vê-los, talvez não os identificássemos como criaturas vivas.

Assim, a perspectiva que a ciência pode oferecer quanto ao lugar do homem no Cosmos é a seguinte: embora sejamos o ponto alto da criação na Terra, na comunidade cósmica estamos entre as crianças do Universo. Agora, quando damos os primeiros passos pelo espaço e procuramos estabelecer contato com a vida cósmica por meio de nossos sinais de televisão e radar, creio que os mais importantes desdobramentos da história da vida neste planeta podem estar prestes a acontecer.

PRIMEIRA PARTE

A aurora da era espacial

1. O chamado da Lua

Novembro de 1957. Véspera do aniversário da Revolução Russa. A cena está gravada em minha memória. Três cientistas saíram do centro de controle do projeto Vanguard, em Washington — o coração do malsinado projeto de satélites dos Estados Unidos. Era lua cheia. Dois dias antes os russos haviam colocado um cão em órbita. Espalhavam-se rumores — eles podiam chegar à Lua e deixar no satélite uma marca vermelha. Vermelho com branco... E se acrescentássemos o azul? Ninguém riu. Não podíamos alcançar a Lua; não conseguíamos sequer fazer com que nossos foguetes saíssem da plataforma de lançamento. Os russos haviam realizado uma façanha enorme, e nós não podíamos acompanhá-los.

Dezembro de 1957. Acho-me ao lado de P. Hagen, diretor de um empreendimento da Marinha, o projeto Vanguard, a primeira tentativa de lançar um foguete feita pelos Estados Unidos. Ainda posso ver o seu ar desolado quando ligaram do cabo Canaveral dizendo que o foguete Vanguard chegara à altura de pouco mais de um metro para cair e explodir num mar de fogo. As manchetes no mundo todo berraram: "Fiasconik!", "Kaputnik!"

Dois meses antes, a 4 de outubro, os soviéticos haviam lançando o *Sputnik I*, uma esfera de metal polido pesando uns 85 quilos. O primeiro satélite artificial, voando a 900 quilômetros de altura, levava uma hora e 35 minutos para circundar a Terra, enviando para cá um fluxo constante de sinais de rádio. O lançamento era motivo de orgulho para a União Soviética. Um editorial do *Pravda* ia direto ao assunto: "O *Sputnik* é uma vitória do homem soviético... Mais uma vez foi provado, de maneira convincente e enfática, que o sistema socialista soviético é o melhor..."

O primeiro-secretário Nikita S. Khrushev não tardou a acrescentar o que o editorial deixava de dizer. Ele observou que, se um foguete podia lançar um *Sputnik*, era também capaz de lançar um ICBM (Míssil Balístico Intercontinental). Bastava, disse ele, equipá-lo com "uma ogiva de hidrogênio". Não havia dúvidas: a intenção de Moscou era que o *Sputnik* e o foguete que o havia lançado ao espaço fossem vistos pelos Estados Unidos como uma ameaça militar.

A notícia do *Sputnik* atingiu os Estados Unidos como um soco. A nação fora humilhada pelo feito russo, e o mundo reverenciava a União Soviética. As manchetes dos jornais diziam: "Estados Unidos derrotados." Outras referiam-se a um "Pearl Harbor no Espaço". Os americanos começaram a pôr em dúvida a sua tecnologia, as suas escolas... todo o seu modo de vida. Psicólogos sociais falavam de uma ansiedade crescente por todo o país.

Então, os Estados Unidos começaram a se mexer. Lyndon B. Johnson, na época líder da maioria no Senado, foi a força motriz do movimento. O Congresso e o governo Eisenhower juntaram os pedacinhos de conhecimento espacial que se achavam espalhados pelo país — a equipe do Vanguard, a NACA (Comissão Consultiva Nacional de Aeronáutica) e o Laboratório de Propulsão a Jato (JPL) da Cal Tech — e em outubro de 1958 fundaram a Administração Nacional de Aeronáutica e Espaço (NASA). Wernher von Braun, o grande engenheiro de foguetes alemão, subiu a bordo depois com a equipe do Exército. Foi uma época de entusiasmo para o país. E eu me vi participando desse fervor.

Num dia de agosto de 1958, o cientista Homer Newell, um dos chefes do Naval Research Laboratory, onde eu trabalhava como físico nuclear, convidou-me para almoçar no Hot Shoppe de Anacostia, próximo ao laboratório. Acabávamos de voltar de uma viagem a Moscou como membros da delegação americana numa conferência sobre foguetes e satélites. Na conferência eu expusera um relatório sobre o destino do foguete que colocara o *Sputnik* em órbita.

Os soviéticos alegavam que o invólucro do foguete do *Sputnik* caíra nos Estados Unidos, e queriam-no de volta. Após examinar todos os registros do radar, concluí que o foguete aterrissara em algum ponto entre a Sibéria Oriental e a China. Por 24 horas a União Soviética não permitiu que meu relatório fosse noticiado fora de Moscou.

O dr. Newell gostou de meu trabalho sobre o foguete do *Sputnik*. Ele me falou a respeito dos planos para a NASA e convidou-me para ingressar com ele no novo órgão espacial. Em novembro de 1958, quando a NASA começou a funcionar, ingressei nela como cientista espacial em início de carreira.

Minha função era montar a Divisão Teórica para conduzir pesquisas sobre física teórica relacionadas ao programa espacial. Minha pequena divisão era uma das três unidades de pesquisa; as outras duas eram a Divisão Vanguard, chefiada por John Hagen, e a Divisão de Ciências Espaciais, encabeçada por John Townsend. Posteriormente essas três unidades deveriam ser incorporadas à estrutura do Centro de Vôos Espaciais Goddard, mas o Centro ainda não existia. Entrementes, continuaríamos vinculados ao comando da NASA e diretamente subordinados ao seu diretor através do dr. Newell e seu chefe, o dr. Abe Silverstein.

A nova divisão situava-se no antigo edifício da NA-

CA, no nº 1512 da Rua H, Washington, ao lado da Dolley Madison House, localizada na esquina, que anteriormente sediara o Cosmos Club. O diretor da NASA e seus auxiliares diretos ocupavam a Dolley Madison House, ao passo que a equipe de administração imediatamente inferior, bem como os trabalhadores teóricos como eu, foram instalados no edifício da NACA.

Os escritórios da Divisão Teórica consistiam em três ou quatro salas nos fundos do sexto andar, onde se espremiam uns dez ou doze matemáticos e físicos. Na parte da frente do mesmo andar, Homer e sua equipe dispunham de um espaço um pouco maior.

Minha primeira contratação de importância foi o dr. John O'Keefe, astrônomo. Ele concordou em entrar para a nossa nova unidade como subchefe da Divisão Teórica. John em breve descobriria, juntamente com a matemática Ann Eckels, a "Terra em forma de pêra". Eles constataram que alguns satélites apresentavam variações sutis nas suas órbitas, sinais de que a gravidade da Terra os atraía de uma maneira estranha. Analisando o afastamento das órbitas previstas, eles concluíram que a Terra, ao invés de ser simplesmente uma esfera ligeiramente achatada, conforme se pensara até então, tendia a ser um pouco mais bojuda abaixo do Equador e um pouco mais estreita nos pólos, o que lhe conferia a forma de uma pêra. Esse trabalho foi o primeiro resultado importante nas pesquisas da divisão.

Enquanto isso, eu adquiria os conhecimentos necessários para executar nossa missão na NASA. A missão consistia em conduzir pesquisas em todas as áreas da ciência física que pudessem ser investigadas com dados obtidos por meio de veículos espaciais. Isso significava a astronomia, a Lua, os planetas e a atmosfera da Terra. Esses campos eram novos para mim porque eu sempre trabalhara em mecânica quântica e física nuclear — o mundo do pequeno, em oposição ao mundo do grande estudado pelo astrônomo. Por onde começar?

Deparei com um livro de Harold Urey, o grande cientista americano, chamado *The Planets*. Longe de ser uma discussão monótona sobre o Sistema Solar, como geralmente ocorre nesses livros, a leitura de *The Planets* era estimulante porque o autor revelou possuir um senso de evolução no Cosmos e uma fina percepção do lugar ocupado pela Terra no esquema maior das coisas. Detectando essa centelha cosmológica, eu pensei: "É essa a abordagem do assunto que devo aprender, e Harold Urey é a pessoa com quem devo aprendê-la."

Enquanto isso — estávamos em novembro de 1958 —, John O'Keefe começara a trabalhar conosco. Ele conhecia Urey pessoalmente e telefonou-lhe de meu escritório para que pudéssemos marcar um encontro e nos conhecermos. Escolhemos uma data, e voei para Los Angeles a 3 de dezembro. Viajei de carro até La Jolla, onde Harold lecionava no novo campus da Universidade da Califórnia.

Encontrei-o na tarde seguinte em seu escritório. Ele pediu que eu me sentasse e me estendeu o seu livro sobre os planetas aberto no segundo capítulo, que falava sobre a Lua. Eu já havia lido por alto aquelas páginas. Então Harold explicou-me que a forma distorcida da Lua — uma esfera imperfeita, com uma espécie de nariz ou protuberância congelada apontada para a Terra — era prova de que o satélite era frio e rígido. Se fosse quente e parcialmente liquefeito, como o núcleo da Terra, a protuberância congelada afundaria no interior mole feito um monte de sorvete numa tigela. Mas, se era fria, isso significava que estava geologicamente morta, sem vulcões e provavelmente sem ar e água. Significava também que preservara o registro de seu passado.

Harold ressaltou as extraordinárias implicações científicas do fato. Geólogos e astrônomos têm motivos para acreditar que a Terra e a Lua, assim como o resto do Sistema Solar, formaram-se há 4,5 bilhões de anos. Em algum ponto do primeiro bilhão de anos da existência da Terra, a vida surgiu em sua superfície. A ciência nunca conseguirá descobrir como isso aconteceu, pois o registro desses primeiros anos desapareceu. Muitas das pedras mais antigas da Terra foram totalmente desgastadas pela erosão do vento e da água e levadas para os oceanos; a lava de erupções vulcânicas cobriu a maior parte dos indícios restantes. Não resta nenhum vestígio da história do primeiro bilhão de anos da Terra — o período mágico em que a vida teve início.

Mas a Lua — geologicamente morta, sem ar e sem água — não experimentou essas forças de mudança. A Lua não tem atmosfera, nem oceanos, nem ventos, nem água corrente. E, por ser um corpo planetário pequeno e ter perdido o seu calor interno no espaço, ela também não tem — pelo menos não teve em tempos recentes — vulcões ativos e torrentes de lava inundando sua superfície. Há grandes áreas da superfície lunar com seu aspecto original virtualmente intacto, como se tivessem sido congeladas. A Lua oferece-nos uma oportunidade de recuperar o registro desaparecido daqueles primeiros bilhões de anos da história do Sistema Solar. Ela pode nos ajudar a solucionar os mistérios da origem da Terra e da origem da vida.

Que pensamento inebriante! Tudo isso vindo daquele globo frio, morto, miserável. Resolvi levar a fascinante mensagem de Harold para os dirigentes da NASA, que na época não estavam muito interessados na Lua; aliás, do ponto de vista científico, eles sequer sabiam da existência do satélite. A atenção deles estava voltada para o Projeto Mercúrio, os cintos de radiação de Van Allen, telescópios orbitais e a esperança de um dia pousar em Marte. Ninguém sabia então — salvo Harold e alguns cientistas do Laboratório de Propulsão a Jato da Cal Tech — que a Lua guardava tesouros científicos tão excepcionais.

Assim, convidei Harold para ir à costa leste proferir algumas conferências sobre a Lua e os planetas na NASA. As conferências foram realizadas nos dias 15 e 16 de janeiro de 1959 na antiga sala de conferências da NACA, no nono andar de nosso prédio, para uma platéia de neófitos em ciência espacial e meia dúzia de funcionários da NASA. Lembro-me do retrato dos irmãos Wright que testemunhava o evento.

Terminada a última conferência, descemos até minha sala no sexto andar e conversamos sobre nosso atraso em relação aos russos na área espacial. Harold disse: "Você sabe que o JPL planeja realizar um pouso na Lua em 1963 ou 1964. Por que nós não adiantamos esse projeto e mostramos ao mundo que podemos fazer algo cientificamente importante no espaço?" Achei ótima a idéia. Fomos para o escritório da frente, onde estava Homer Newell, e eu lhe disse: "Harold estava nos explicando que a Lua é um grande tesouro científico e que ela tem a chave para a origem da Terra. Além disso, falamos sobre a humilhação que a União Soviética está nos fazendo passar perante o mundo. Queremos promover um projeto a toque de caixa para pousarmos na Lua em 1961 e mostrarmos ao mundo do que somos capazes."

Bastante interessado, Homer respondeu, com a lucidez e a presteza de costume: "Escrevam um memorando com um resumo de seus motivos e recomendações para eu mostrar a Abe Silverstein." Fomos para a sala dos fundos e fizemos o rascunho pedido por Homer, que terminava da seguinte maneira: "Em nossa opinião, um estudo da Lua é mais importante do que um estudo de Vênus ou Marte."

Homer gostou do rascunho. Era a primeira vez que alguém dizia a um dos funcionários do alto escalão da NASA que a Lua tinha interesse para os cientistas. Até então, os dirigentes do órgão espacial haviam considerado a Lua uma estação intermediária para lugares mais importantes; Harold, porém, estava convencido de que o satélite deveria ser a primeira investida na exploração espacial. Foi esse parecer que comunicamos a Homer, e ele ficou bastante impressionado. Pelo que sei, aquele momento no escritório do dr. Newell foi realmente o início da exploração lunar como programa de alta prioridade no órgão espacial.

Num memorando datado de 23 de março de 1959 para seu chefe, Abe Silverstein, diretor de Desenvolvimento de Vôo Espacial, Homer propôs pela primeira vez a inclusão de um projeto amplo de exploração lunar no programa espacial do país. O memorando de Homer deve ter sido aprovado, pois no relatório do administrador referente a junho de 1959 há um apontamento de página, "Projeto de Exploração Lunar: Robert Jastrow, Diretor do Projeto", que se refere a "definições sobre as cápsulas para os seis primeiros pousos lunares [não-tripulados]".

Pois é. Harold Urey foi o gatilho, eu, a bala, e Homer Newell disparou a arma. A Lua havia entrado nos planos da NASA.

HOMER NEWELL (*à direita*) com o autor numa conferência da NASA. O dr. Newell levou ao alto escalão da NASA a mensagem sobre a importância científica da Lua.

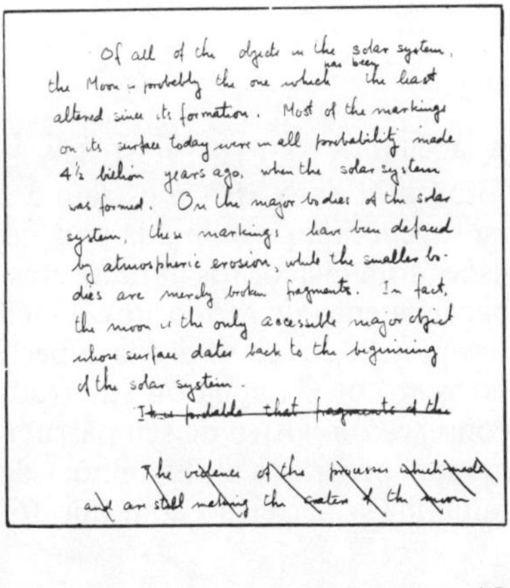

Of all of the objects in the solar system, the Moon is probably the one which has been the least altered since its formation. Most of the markings on its surface today were in all probability made 4½ billion years ago, when the solar system was formed. On the major bodies of the solar system, these markings have been defaced by atmospheric erosion, while the smaller bodies are merely broken fragments. In fact, the moon is the only accessible major object whose surface dates back to the beginning of the solar system.

~~It is probable that fragments of the~~

~~The evidence of the processes which made and are still making the craters of the moon~~

O PRIMEIRO RASCUNHO do memorando do dr. Urey (*à direita*) para o dr. Newell explicava que, pela antigüidade, a superfície da Lua constituía um tesouro de valiosas informações científicas.

A ANTIGA SUPERFÍCIE DA LUA. As numerosas crateras nesta fotografia da NASA mostram a antigüidade da superfície lunar. A paisagem lunar é marcada por incontáveis crateras formadas em colisões com meteoritos durante eras passadas. A Terra sofreu um bombardeamento de meteoritos semelhante, mas, salvo as colisões mais recentes, todos os sinais da superfície foram desgastados pela erosão do vento ou da água ou enterrados por inundações de lava. A Lua conserva o registro de seu passado melhor do que a Terra; acontecimentos ocorridos ali há bilhões de anos parecem ter-se dado ontem, tamanha a perfeição com que foram preservados.

HAROLD UREY (1898-1981) (*na outra página*) foi o pai da ciência lunar moderna e um dos maiores cientistas nascidos nos Estados Unidos. Recebeu o Prêmio Nobel pela descoberta do hidrogênio pesado, ou deutério, deu uma importante contribuição às idéias atuais sobre a evolução da vida a partir de matéria inanimada e inventou um engenhoso método para determinar modificações no clima da Terra ocorridas há centenas ou milhares de anos.

Certa ocasião perguntei ao dr. Urey de que maneira ele explicava suas quatro grandes contribuições para a ciência, quando a maioria dos cientistas dão-se por felizes com uma única contribuição importante durante toda a vida. Ele respondeu: ''Acho que é porque só me dedico aos grandes problemas. Não perco meu tempo analisando o cálcio do riacho que passa diante de minha casa.''

UM PEDAÇO DA LUA. O dr. Urey (*abaixo*) compara uma pequena lasca de pedra da Lua com duas amostras maiores de pedra vulcânica da Terra. A pedra lunar foi trazida pelos astronautas da *Apolo 14*, que a apanharam nas cercanias dos montanhosos planaltos lunares.

Os planaltos são a parte mais antiga da Lua e remontam ao início do Sistema Solar, há 4,5 bilhões de anos. A vida começava a desenvolver-se na Terra quando esse pedaço de pedra foi depositado na Lua. A pedra de nosso planeta, bem em frente ao dr. Urey, tem apenas 180 milhões de anos.

PEDRAS DA LUA. Neil Armstrong foi o primeiro homem a andar na Lua. Seu co-piloto, Edwin E. Aldrin, desceu a escada da espaçonave quinze minutos depois. A fotografia de Aldrin (*na outra página*), talvez a mais famosa da história do programa espacial, foi tirada por Armstrong, cujo reflexo pode ser visto no visor de Aldrin.

Os dois astronautas recolheram 382 quilos de pedras na Lua. Nos laboratórios da NASA, onde a idade delas foi auferida, constatou-se que tinham vários bilhões de anos, conforme previra o dr. Urey. Alguns pedaços de pedra lunar remontavam ao início da existência da própria Lua.

Nos momentos finais da alunissagem, os dois homens escaparam por um triz de um desastre. Quando a nave, comandada pelo piloto automático, caía em direção à superfície do satélite, eles se deram conta de que rumavam para um campo de rochas enormes, onde a nave se espatifaria. Armstrong, desesperado, tomou o controle manual e arremeteu a nave para a frente a quase 100 km horários, procurando um local plano para pousar.

Armstrong voltou a nave para uma clareira com uns 15 metros de comprimento, mas perdeu-a de vista nas nuvens de poeira levantadas pela nave. Mesmo sem enxergar, ele levou a espaçonave até a superfície. Quando o pouso finalmente se concretizou, restavam apenas 20 segundos de combustível. Por uma questão de segundos a missão *Apolo 11* não foi um fracasso.

UM AUTOMÓVEL LUNAR (*acima*). Nos três últimos pousos na Lua, os exploradores foram auxiliados por um automóvel lunar — um carro leve com um motor elétrico em cada roda e ''pneus'' de tela metálica. O automóvel lunar era equipado com um sistema de direção por rádio que sempre indicava a localização da nave-mãe. Seu peso era de apenas 35 quilos na escassa gravidade lunar. Na missão da *Apolo 17*, o último pouso lunar, ele levou os astronautas a mais de trinta quilômetros do local de pouso e estabeleceu o recorde de velocidade (18 km/h) na descida de uma montanha.

2. Novos olhos no céu

Meia-noite, 20 de julho de 1969. Surge na tela do televisor um claro-escuro de contrastes fortes. Uma das sombras se mexe. Trata-se da perna do astronauta Edwin Aldrin, fotografado por Neil Armstrong. Homens andam na Lua. Fascinados, nós assistimos. A Terra assiste.

Setecentos milhões de pessoas não se afastaram de seus rádios e televisores naquela noite de julho de 1969. O que se pode fazer com a Lua? Ninguém sabia. No entanto, algo dentro de nós dizia que vivíamos o maior momento da história da vida desde que os peixes haviam saído da água 350 milhões de anos antes. Estávamos saindo de nosso planeta. Nossos pés haviam agitado a poeira de um mundo alienígena. A imagem ofuscada dos Estados Unidos voltava a brilhar. Graças à *Apolo*.

Meus colegas cientistas nunca gostaram do projeto Apolo. Na verdade, nunca se entusiasmaram com nenhum tipo de vôo espacial tripulado, e muitos preferiram colocar instrumentos em órbita a ter pessoas lá em cima brincando com telescópios. Certa vez um Nobel em física disse que as idéias acerca de vôos espaciais tripulados deveriam "voltar ao alto de uma embalagem de cereais". Os editores da *Nature*, a mais prestigiada publicação científica do mundo, escreveram há alguns anos que vôos espaciais tripulados "pesquisam há décadas por que os astronautas vomitam".

Durante anos discordei de meus colegas a respeito dessa questão. Quando eu era presidente da Comissão de Exploração Lunar da NASA, anos antes do desembarque na Lua, os outros cientistas da comissão faziam críticas ásperas ao projeto de um vôo tripulado ao redor da Lua, que antecederia o pouso lunar propriamente dito. Diziam que circundar a Lua não tinha nenhum valor científico. Porém, aquele vôo em torno do satélite, com a comovente leitura do Gênesis na noite de Natal feita na Lua por Frank Borman, Jim Lovell e Bill Anders foi um dos maiores momentos da história humana.

Penso que meus colegas estavam enganados naquele período inicial do programa. A pesquisa científica feita pela NASA no espaço é de grande interesse, mas a ciência nunca foi o objetivo único do programa espacial. Quando escreveram para o presidente Kennedy pedindo-lhe que apoiasse um desembarque na Lua, o secretário de defesa Robert McNamara e o dirigente da NASA James Webb afirmaram: "É o homem, e não meramente uma máquina, que cativa a imaginação do mundo."

Líderes políticos sabem disso por instinto; cientistas têm de aprender da maneira mais difícil. Quando eu era um jovem cientista espacial e acabava de ingressar na NASA, pensava, assim como meus colegas, que tínhamos de descer na Lua para estudar as pedras antigas e descobrir o que acontecera nos primeiros anos de existência do Sistema Solar. O memorando que eu e Harold Urey escrevemos sobre os motivos para que a NASA explorasse nosso satélite natural mostrava nossa inocência. Ele dizia: "Um pouso de instrumentos científicos na Lua cativará a imaginação da comunidade científica e do público em geral, num nível maior do que qualquer projeto de valor científico comparável."

O desenrolar dos acontecimentos mostrou-nos que havia um erro em nosso raciocínio. De fato, alcançamos nossa

"All the News That's Fit to Print"

The New York Times

LATE CITY EDITION

VOL. CXVIII . No. 40,721 — NEW YORK, MONDAY, JULY 21, 1969 — 10 CENTS

MEN WALK ON MOON

ASTRONAUTS LAND ON PLAIN; COLLECT ROCKS, PLANT FLAG

Voice From Moon: 'Eagle Has Landed'

A Powdery Surface Is Closely Explored

VOYAGE TO THE MOON

HOMENS NA LUA. O primeiro pouso na Lua provocou uma das maiores manchetes já publicadas pelo *The New York Times*.

meta — pusemos sofisticadas baterias de instrumentos na Lua a partir de 1964 —, mas essa façanha não produziu na opinião mundial o impacto que eu e Harold esperávamos. Isso só ocorreu depois, quando a NASA colocou *homens* na Lua. Aí, sim, os Estados Unidos finalmente acertaram.

O projeto Apolo custou cerca de 75 bilhões de dólares a preços de 1989. Ninguém gastaria todo esse dinheiro para satisfazer a curiosidade de um cientista a respeito da formação da Terra e da Lua. O principal objetivo do pouso da Apolo não foi trazer as pedras da Lua para cá, mas dar aos Estados Unidos a capacidade de realizar operações e manobras no espaço de maneira a podermos manter nossa presença lá em cima e enfrentar as manobras de alguma outra grande potência. Um instinto qualquer disse ao povo americano que o domínio do espaço seria vital para os interesses nacionais.

O profundo interesse do público por vôos espaciais tripulados ultrapassou os pousos lunares e continuou até os primórdios do Ônibus Espacial. O Ônibus Espacial é um foguete reutilizável, projetado para ser menos caro do que os velhos foguetes usados no programa Apolo, que, depois de disparados uma vez, eram postos de lado. Mas o Ônibus precisava de uma tripulação de astronautas para trazê-lo de volta à Terra. A fim de tornar o Ônibus aceitavelmente seguro para os astronautas foi necessário um aumento significativo em seu custo, o que anulou a economia obtida com a possibilidade de reutilização da nave.

Para voltar a ter um custo baixo por vôo, a NASA defendeu e conquistou o direito de usar o Ônibus em todas as missões espaciais do país — não apenas nas atividades que exigissem participação humana, mas também no lançamento habitual de satélites não-tripulados. Com isso, pretendia-se cortar o custo unitário dos lançamentos do Ônibus por meio de uma operação em grande escala.

Mas uma mudança repentina nos planos de lançamentos regulares do Ônibus, com vôos em intervalos de algumas semanas, trouxe dificuldades bem maiores do que as esperadas pela NASA. O órgão espacial viu-se incapaz de cumprir o programa de vôos prometido quando o Ônibus ainda era um projeto. Cresceu na NASA a pressão no sentido de se manter um programa ativo de lançamentos de Ônibus Espaciais, apesar das dificuldades técnicas. Essas circunstâncias abriram caminho para o acidente da *Challenger*.

A causa imediata do acidente foi um defeito nas vedações que impedem o vazamento dos gases quentes que se acham no interior do foguete. Quando entraram em contato com a parte externa do foguete, esses gases quentes enfraqueceram a sua estrutura e a *Challenger* partiu-se e explodiu.

Mas a causa mais profunda do acidente foi a pressão para que a NASA mantivesse um programa muito rápido de lançamentos do Ônibus, programa que resultou da infeliz decisão de impor ao Ônibus o fardo de colocar em órbita todos os satélites americanos. E essa decisão, por sua vez, foi tomada porque o governo e o Congresso pressionaram a NASA a fazer do Ônibus Espacial um empreendimento econômico.

Mesmo antes do acidente da *Challenger*, os cientistas espaciais não viam o Ônibus com bons olhos; para eles, o Ônibus exauria os fundos já escassos destinados ao trabalho espacial puramente científico. A *Nature* expressou a opinião de muitos membros da comunidade científica ao queixar-se de que o Ônibus Espacial ficava com a "parte do leão" do orçamento da NASA. No período inicial das atividades da NASA isso não tinha grande importância; quando destinavam bilhões ao orçamento para a viagem à Lua, sempre havia 50 milhões de dólares disponíveis para um satélite científico. Mas hoje as coisas são diferentes. Já não é mais possível adquirir muita ciência no espaço por 50 milhões de dólares. A espetacular jornada da *Voyager* até Júpiter e seus satélites — um dos maiores triunfos da exploração planetária jamais conquistados — custou mais de 400 milhões de dólares a preços de 1989. A espaçonave *Viking*, que pousou em Marte e procurou vida nesse planeta, custou quase dois bilhões de dólares. Os quatro enormes telescópios que a NASA pretende colocar em órbita na década de noventa foram orçados, cada um, entre 500 milhões e bem mais de dois bilhões de dólares.

À medida que o custo dos maiores projetos científicos da NASA subiu, o seu orçamento caiu. Nos tempos tranqüilos do programa Apolo, durante a década de sessenta, a NASA recebeu, por vários anos consecutivos, mais de 20 bilhões de dólares anuais (em valores de 1989). Mas na década de setenta seu orçamento diminuiu para menos de seis bilhões por ano. Não há mágica administrativa ou técnica que pague um programa espacial de vinte bilhões de dólares com seis bilhões de dólares[1].

Nesta nova era de observatórios espaciais de bilhões de dólares e orçamentos menores, os astrônomos e cientistas planetários não se têm dado tão bem quanto antigamente na competição com o vôo tripulado. Mas hoje a ciên-

1. Durante o mesmo período, a economia americana cresceu dos dois trilhões de dólares (em valores de 1989), de meados da década de 1960, para os cinco trilhões de hoje. Se fosse hoje uma fração tão grande da economia americana quanto o foi durante o programa Apolo, o orçamento da NASA seria de aproximadamente 50 bilhões de dólares.

cia espacial — e sobretudo a astronomia — começa a obter recompensas importantes do programa espacial tripulado. Embora projetados para funcionar durante anos no espaço, os grandes observatórios espaciais talvez não durem tanto quanto foi previsto; mesmo que seus instrumentos continuem a funcionar perfeitamente, um meteorito ou o remanescente de algum aparelho feito pelo homem podem danificar um refletor ou perfurar um circuito eletrônico vital. Há milhares de restos de missões espaciais passadas girando na órbita da Terra, peças e fragmentos com alguns centímetros de comprimento que incluem até mesmo uma câmera e uma chave de fenda. Numa colisão em velocidade de satélite — 8 km por segundo —, cada fragmento desses têm o poder explosivo de uma granada de mão.

Dois dos observatórios espaciais da NASA — o Telescópio Espacial Hubble e a Estação Avançada de Raio-X — custam muito mais do que todos os fundos gastos em astronomia por cientistas americanos, em terra, nos últimos vinte anos. Para assegurar a sobrevivência dos observatórios da NASA até o próximo século, eles foram projetados de modo a poderem ser consertados em órbita por astronautas e cientistas transportados pelo Ônibus Espacial ou que estejam trabalhando na Estação Espacial. Esses grandes observatórios espaciais são demasiado caros para serem abandonados por causa de avarias ou colisões com lixo espacial. Se pararem de funcionar, a astronomia sofrerá uma perda incalculável, pois os observatórios provavelmente não serão substituídos nas próximas décadas.

Colocar telescópios em órbita talvez seja a contribuição mais valiosa que o programa espacial pode oferecer à astronomia. Por estar bem acima do efeito obscurecedor provocado pela atmosfera terrestre, um telescópio no espaço pode produzir imagens mais nítidas do que os melhores telescópios no solo — de uma nitidez mais de dez vezes maior que as imagens produzidas pelo telescópio de 200 polegadas do monte Palomar. Os telescópios espaciais podem dar respostas para alguns dos maiores mistérios do Cosmos: quando surgiu o Universo? Que forças o originaram? Qual é o tamanho do Universo observável?

De que maneira pode um telescópio oferecer informações sobre a origem do Universo? A resposta é: quando olhamos para o espaço, olhamos para o passado. A luz de uma galáxia a cinco bilhões de anos-luz de distância demora cinco bilhões de anos para chegar à Terra. Assim, nossos telescópios mostram essa galáxia não como ela é hoje, mas como foi há cinco bilhões de anos, quando teve origem a luz que recebemos atualmente. Um telescópio é uma máquina do tempo; leva-nos de volta para o passado. Telescópios no espaço, capazes de enxergar o Universo mais do que qualquer telescópio no solo, também serão capazes de mergulhar ainda mais no passado. Eles poderão nos revelar o artífice da criação.

Os telescópios que já foram ou ainda serão enviados ao espaço têm dimensões razoavelmente modestas; o maior deles é mais ou menos a metade do grande telescópio de 200 polegadas do monte Palomar. Por que esses telescópios relativamente pequenos têm no espaço um alcance maior do que o telescópio de 200 polegadas no solo?

Isso ocorre porque os raios de luz das estrelas e galáxias precisam atravessar a atmosfera da Terra para alcançar um telescópio no solo. A atmosfera — tal qual o vidro — desvia os raios de luz. A proporção desse desvio varia de momento a momento, o que leva os raios de luz a mudarem erraticamente de posição. Isso torna indistinta a imagem obtida pelo telescópio. O astrônomo no solo, tentando enxergar o céu através da atmosfera da Terra, é como uma pessoa que espia o mundo por uma janela malfeita.

A imprecisão das imagens do telescópio limita a capacidade de observação de objetos celestes conforme a distância. Consideremos um objeto bem distante — uma galáxia, por exemplo. Essa galáxia distante produz uma imagem fraca no telescópio, pois, quanto maior a distância de um objeto, mais fraca a intensidade de sua luz. Ora, se essa imagem fraca é diluída e distorcida pela atmosfera da Terra, ela fica ainda mais fraca. Na verdade, ela tende a submergir na iluminação de fundo do céu noturno e sequer pode ser vista.

Se o telescópio do astrônomo está no espaço, a distorção provocada pela atmosfera é eliminada, as imagens formadas pelo telescópio são mais nítidas e destacam-se mais contra a iluminação de fundo do céu. É por isso que telescópios no céu podem ir mais longe na observação do Universo e do seu passado.

E existem outras vantagens. Quase todas as informações que temos sobre o Cosmos são obtidas na forma de radiação, em diversos comprimentos de onda, que cruza a atmosfera e chega à superfície da Terra. A maior parte dessa radiação, porém, é absorvida pela atmosfera antes de alcançar a superfície. Raios gama, raios X e a maior parte dos comprimentos de onda de radiação infravermelha são bloqueados; a única parte que consegue atravessar a atmosfera é a estreita faixa de comprimentos de onda chamada "luz" ou radiação visível (porque o olho humano é sensível a essa faixa específica de comprimentos de onda), assim como algumas ondas de rádio e um pouco de radiação infravermelha.

Mas alguns dos mais interessantes objetos do Universo, tais como os buracos negros e os quasares, emitem enormes quantidades justamente dos tipos de radiação que não atingem o solo — particularmente raios gama e raios X. E estrelas que têm planetas em formação em torno de si emitem enormes quantidades de radiação infravermelha, um outro tipo de radiação bloqueado pela atmosfera. Poucos objetos do Cosmos são mais interessantes que os buracos negros, os quasares e os sistemas solares em formação, mas grande parte das informações sobre esses objetos exóticos e importantes foram vedadas aos astrônomos até o advento da era espacial. Quando a NASA começou a instalar telescópios de raios gama, raios X e infravermelhos em satélites orbitando por sobre a atmosfera da Terra, abriram-se novas janelas para o céu.

O Observatório de Raios Gama, um dos novos olhos para o espaço projetados para enxergar através dessas janelas, será, sob alguns aspectos, o satélite astronômico mais interessante de todos. Os raios gama possuem um tremendo poder de penetração no espaço e podem percorrer grandes distâncias do Universo. Quando vemos um raio gama vindo de um lugar distante, temos uma visão diferente do Universo, como se ele se encontrasse num momento bem precoce, talvez num momento não muito distante de seu nascimento.

O retrato do Universo primitivo proporcionado pelo Observatório de Raios Gama pode nos oferecer pistas para outro grande mistério cósmico: onde está a antimatéria do Universo? Os físicos descobriram a existência de dois tipos de matéria, de propriedades semelhantes mas, em certos sentidos, opostas. Eles os denominam "matéria" e "antimatéria". Por exemplo, o elétron, um dos elementos da matéria comum, tem uma contraparte na antimatéria chamada anti-elétron, ou pósitron. O elétron e sua contraparte na antimatéria, o pósitron, têm a mesma massa e são quase idênticos, salvo por suas cargas elétricas de sinais opostos — uma carga negativa para o elétron e uma positiva para o anti-elétron, ou pósitron.

Da mesma maneira, o próton, um outro elemento da matéria comum, possui uma contraparte na antimatéria chamada antipróton. O próton tem uma carga elétrica positiva, ao passo que o antipróton uma carga elétrica negativa.

Outros experimentos conduzidos pelos físicos revelaram o fato notável de que matéria e antimatéria se eliminam ao entrarem em contato, deixando atrás de si apenas energia radiante na forma de raios gama. Por exemplo, quando um elétron e um anti-elétron se encontram, as duas partículas desaparecem, e do ponto de encontro sai um clarão de radiação gama. Porém, se duas partículas de antimatéria se encontram, elas não se eliminam. De fato, partículas de antimatéria podem ser juntadas e combinadas para formar um átomo de antimatéria, e átomos de antimatéria podem ser combinados em pedaços inteiros de antimatéria. Por exemplo, assim como um átomo de hidrogênio é constituído por um elétron circundando um próton de carga positiva, um átomo de anti-hidrogênio pode ser formado por um anti-elétron orbitando ao redor de um antipróton. E, naturalmente, é possível formar também equivalentes antimatéria de todos os outros elementos — átomos de anticarbono, átomos de anti-oxigênio e assim por diante. Em outras palavras, segundo tudo o que se conhece das leis da física, pode existir todo um mundo de antimatéria — um mundo onde pode haver galáxias de antimatéria com estrelas de antimatéria, planetas de antimatéria e vida de antimatéria.

Como seria interessante descobrir estrelas de antimatéria habitadas por seres de antimatéria inteligentes. Mas é claro que nunca poderíamos estabelecer contato com eles; o encontro aniquilaria as substâncias materiais de ambos os participantes, e sobrariam apenas raios gama.

Mas os cientistas, sem encontrar nenhuma prova da existência de planetas, estrelas ou galáxias de antimatéria, perguntam-se: onde está a antimatéria no Universo? O Observatório de Raios Gama talvez possa nos dizer. Visto que as colisões entre galáxias são um tanto freqüentes, as antigaláxias, caso existam, devem colidir de vez em quando com galáxias comuns. Quando ocorre uma colisão como essa, parte do material da galáxia e da antigaláxia é eliminado numa torrente de raios gama. Se essas centelhas de aniquilação existirem, o Observatório de Raios Gama deverá ser capaz de detectá-las e de pôr à prova essa hipótese fascinante.

Finalmente, há a questão das intensas explosões de raios gama — os *bursters* — que parecem irromper no céu ocasionalmente, muitas vezes em partes do céu onde não se vê nenhuma galáxia, estrela ou qualquer outro objeto. O que são essas explosões? Que objeto gigantesco pode produzir raios gama sem ao mesmo tempo produzir luz visível, radiação ultravioleta e outros tipos de radiação? A resposta para essa pergunta também é desconhecida. O Observatório de Raios Gama pode resolver o mistério dos *bursters* de raios gama.

Um outro observatório astronômico no espaço perscrutará o céu em busca de radiação infravermelha, ou calor. A radiação infravermelha tem sido uma inestimável fonte de informações para os astrônomos. Muitos anos atrás, um satélite levando um telescópio infravermelho descobriu indícios de planetas em estágio de formação ao redor de diversas estrelas nas proximidades do Sol. Foi esse o primeiro indício claro de que sistemas solares como o nosso são comuns no Universo — uma descoberta extraordinária para a perspectiva de vida extraterrestre. Esse primeiro satélite infravermelho descobriu também seis novos cometas em nosso Sistema Solar, assim como o núcleo de um cometa morto que pode colidir com a Terra, segundo os cálculos de um astrônomo. Se ocorrer, a colisão liberará a energia de 200 mil bombas de hidrogênio, com resultados catastróficos para a vida no planeta.

Ao todo, planeja-se o lançamento de quatro grandes observatórios astronômicos nesta e na próxima década. Esses observatórios de bilhões de dólares são as jóias da coroa da ciência espacial. Eles abrem a perspectiva de uma revolução na astronomia tão grande quanto a revolução ocorrida em 1609, quando pela primeira vez Galileu assestou o recém-inventado telescópio para o céu e descobriu as fases de Vênus e os satélites de Júpiter — e pôs fim à era da astronomia a olho nu.

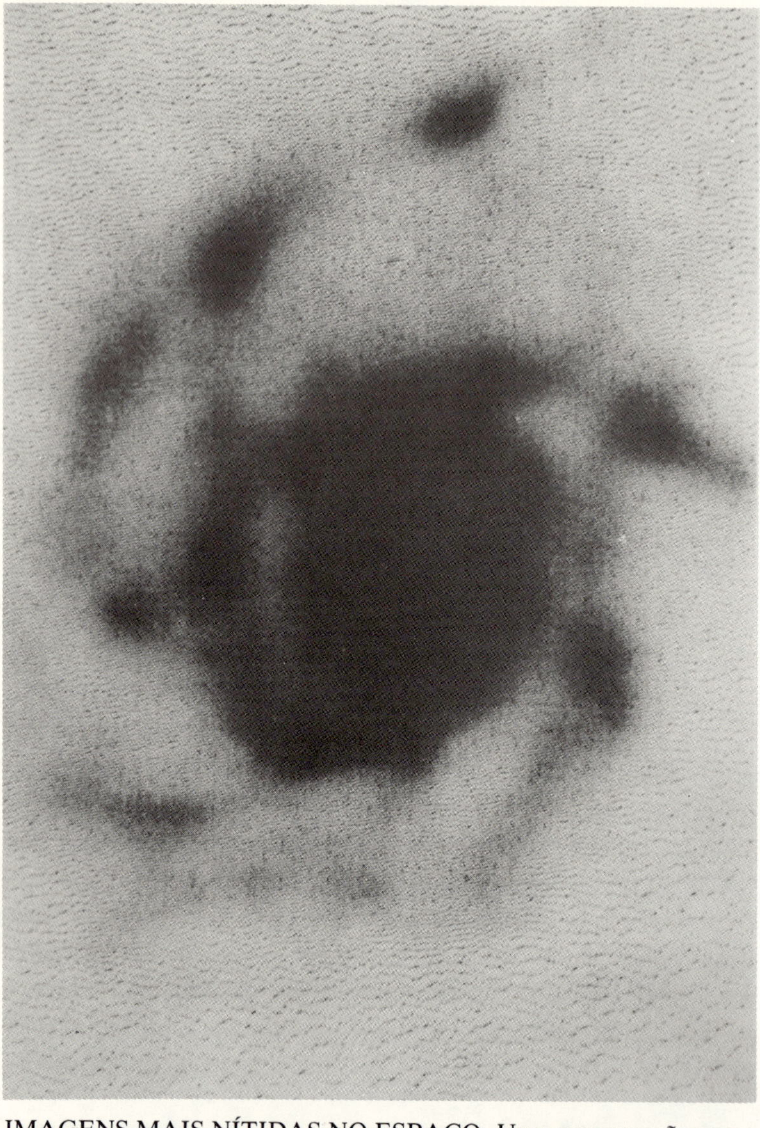

IMAGENS MAIS NÍTIDAS NO ESPAÇO. Uma comparação entre a ilustração desta página e a da página seguinte mostra como as imagens formadas por um telescópio no espaço ficam mais nítidas por ele estar acima da atmosfera. A fotografia mostra uma galáxia distante tal como retratada pelo telescópio de 200 polegadas do monte Palomar — um dos maiores do mundo. Os detalhes ficam embaçados devido à oscilação dos raios de luz provenientes da galáxia ocorrida quando eles cruzam a atmosfera em direção à superfície.

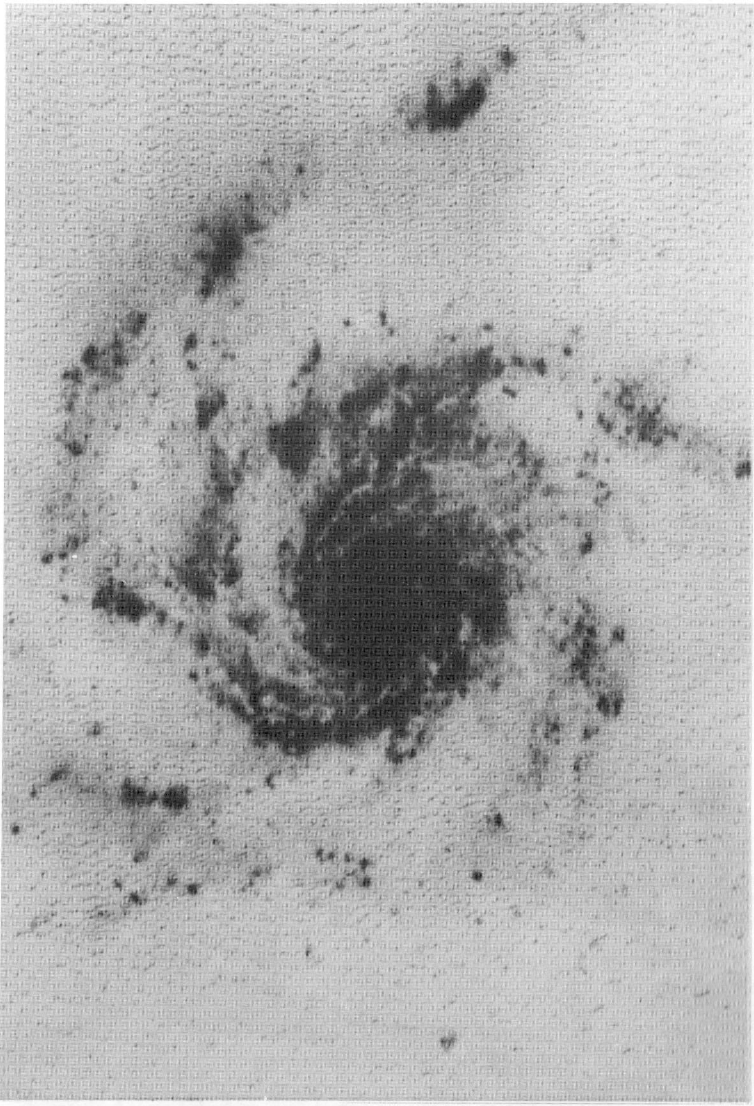

Esta ilustração mostra como seria vista a mesma galáxia caso ela fosse fotografada no espaço pelo Telescópio Espacial Hubble. A imagem é vinte vezes mais nítida. A distorção não ocorre porque o telescópio está num satélite acima da atmosfera.

LIXO ESPACIAL: UM PERIGO PARA OS SATÉLITES CIENTÍFICOS. O lixo espacial representa um perigo cada vez maior para os satélites científicos e espaçonaves tripuladas. Uma colisão com um pequeno floco de tinta produziu um buraco de pouco menos de 3 mm no revestimento metálico de um satélite da NASA (*abaixo*). Um outro floco de tinta abriu um orifício de 6 mm no párabrisa do ônibus espacial *Challenger*. A energia do impacto com um floco de tinta a 5 km/s equivale à de uma bola de boliche que acertasse o pára-brisa a quase 100 km/h.

A ilustração da página *seguinte* mostra as posições instantâneas de alguns dos mais de sete mil restos deixados pelo homem — satélites mortos, carcaças vazias de foguetes e fragmentos de astronaves destruídas — em órbita ao redor da Terra e com tamanho suficiente para serem detectados e rastreados por radar. Entre eles estão a luva e a câmera de um astronauta, e uma chave de fenda de um cosmonauta russo. Uma colisão com qualquer um desses milhares de objetos provavelmente destruiria o Telescópio Espacial Hubble.

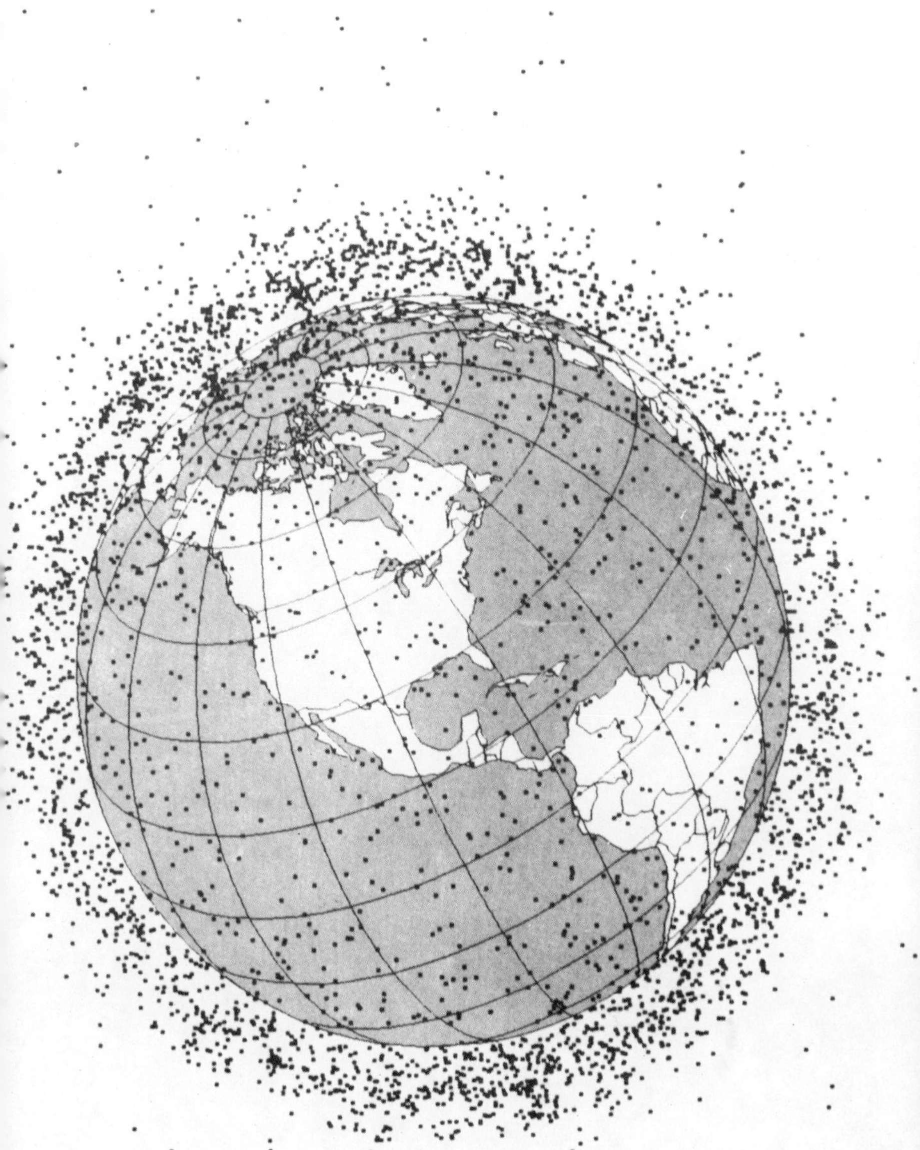

SEGUNDA PARTE

Os mistérios cósmicos

3. *No começo*

Em anos recentes algumas descobertas dramáticas transformaram a imagem que o homem tinha do Universo. O Cosmos deixou de ser um lugar tranqüilo, atravessado por estrelas e planetas viajando numa majestosa procissão. Sabemos hoje que ele é ricamente povoado por objetos exóticos, fustigado por forças violentas e pleno de surpresas. Estranhos quasares iluminam cantos escuros do Universo; galáxias gigantescas cruzam velozmente o céu; explosões titânicas de origem desconhecida ocorrem nas profundezas do espaço; e há indícios provisórios que parecem confirmar a existência dos buracos negros — os mais bizarros objetos já concebidos pela mente científica.

O mais notável de tudo é a comprovação pelos astrônomos de que o Universo surgiu abruptamente, num momento súbito de criação, tal como afirma a Bíblia. Os astrônomos comprovaram também que o homem nasceu nas estrelas. Por meio de pequenos avanços no conhecimento, acumulados lentamente ao longo de cinco séculos, eles fizeram as fronteiras do Universo material recuarem cada vez mais, levando-as até o mundo que se costumava considerar espiritual. O resultado do seu esforço é uma crônica de eventos que registra a gradual evolução dos átomos simples da nuvem primordial do Universo até a vida consciente. É a história de uma criação em desenvolvimento contínuo — dizem alguns que o desenvolvimento contínuo de um grande plano ou desígnio, outros, que não há plano algum. Eu, de minha parte, não sei o que pensar. Sou agnóstico nessas questões. Mas a história em si é muito interessante e pode ser contada de maneira simples, sem cálculos matemáticos nem jargão técnico. Comecemos do começo.

Em 1912 um astrônomo americano chamado Vesto Melvin Slipher resolveu apontar seu telescópio para os grandes aglomerados denominados galáxias. A maioria das estrelas estão agrupadas em galáxias, assim como os povos se agrupam em nações. Essas galáxias vagueiam pelo espaço como universos-ilhas e guardam enormes distâncias entre si. Nosso Sol pertence ao aglomerado de 200 bilhões de estrelas chamado Via Láctea, cuja forma é a de uma espiral imensa e plana, com diâmetro aproximado de 1,6 milhão de trilhões de quilômetros.

Metade das galáxias do Universo são espirais planas e giratórias como a nossa. Nossa grande vizinha galáctica mais próxima é a galáxia de Andrômeda, que contém outros 200 bilhões de estrelas. A galáxia de Andrômeda dista 19 milhões de trilhões de quilômetros da Terra. Para evitar a repetição constante dessas cifras incomodamente grandes, as distâncias astronômicas, via de regra, são expressadas em termos de anos-luz, que é a distância percorrida em um ano por um raio de luz viajando à velocidade de 300 mil km por segundo. Assim, a distância até Andrômeda é de 2 milhões de anos-luz. Existem milhares de galáxias num raio de 100 milhões de anos-luz ao nosso redor, e muitos bilhões de outras encontram-se ao alcance dos telescópios mais possantes.

Agora chegamos à descoberta extraordinária que se acha no âmago da teoria científica da criação. Em 1913, no decorrer de seus estudos sobre as galáxias, Slipher descobriu que a maior parte das galáxias que estavam ao alcance de seu telescópio moviam-se pelo espaço a velocidades extraordinariamente rápidas, em alguns casos chegando a vários milhões de quilômetros por hora. Além disso, quase todas essas galáxias estavam se afastando da Terra.

Segundo o conhecimento astronômico, nosso planeta e sua estrela-mãe, o Sol, são indistinguíveis de um sem-número de outros planetas e estrelas. Por que todas as galáxias do Universo afastam-se de nós? O previsível seria que elas se movessem a esmo, de modo que em determinado momento metade delas se aproximasse e a outra metade se afastasse de nós. Mas, de acordo com as medições de Slipher, não é assim; o Universo inteiro afastava-se de um ponto específico no espaço, e a Terra situava-se nesse ponto. Isso, por sua vez, parecia sugerir que nosso planeta estava no centro do Universo. Muito poucas pessoas aceitam essa concepção, hoje em dia. Por que a astronomia moderna leva a uma concepção do Universo que foi abandonada pelos cientistas há muito tempo?

Porque as descobertas de Slipher apenas sugerem que a Terra está no centro do Universo. Se estivéssemos em outra galáxia do Universo, veríamos todas as galáxias à nossa volta se afastando, exatamente como vemos todas as galáxias à nossa volta se afastando. Pensaríamos estar no centro do Universo em expansão, e o mesmo pensaria qualquer astrônomo em qualquer outra galáxia. Mas, na verdade, não existe centro.

Para ter uma compreensão mais clara dessa formulação, imagine um pão de uva-passa sendo assado no forno. Cada uva-passa é uma galáxia. À medida que a massa cresce no forno, o interior do pão se expande, e todas as uvas se afastam umas das outras. O pão é tal qual nosso Universo em expansão. Cada uva-passa vê suas vizinhas se afastando; cada uma delas parece estar no centro da expansão. Mas não há centro.

Para tornar a analogia mais precisa, é claro que teríamos de imaginar um pão de uvas-passas tão grande que, olhando do interior, não enxergaríamos a borda, fosse qual fosse o ponto onde nos situássemos. Em outras palavras, o pão, tal qual o Universo, seria infinito.

Nas décadas de 1920 e 1930, os astrônomos Edwin Hubble e Milton Humason, usando o telescópio de 100 polegadas do monte Wilson, na época o maior do mundo, lograram calcular as velocidades de muitas outras galáxias espiraladas. A imagem dessas galáxias era fraca demais para serem vistas por Slipher com seu telescópio menor. As observações de Hubble e Humason confirmaram a descoberta de Slipher; sem exceção, todas as distantes galáxias afastam-se de nós e umas das outras. O Universo inteiro parece estar explodindo.

A idéia de um Universo em explosão tem uma implicação extraordinária. Se hoje as galáxias se afastam em alta velocidade, tempos atrás elas devem ter estado mais próximas. E num passado mais distante devem ter estado mais próximas ainda. Se continuarmos a recuar no passado em busca da origem do movimento de dentro para fora das galáxias, veremos que todas elas estavam juntas há 15 bilhões de anos. Então, toda a matéria do Universo encontrava-se comprimida numa massa densa e quente, com temperaturas que chegavam a trilhões de graus. O quadro sugere as condições existentes numa bomba de hidrogênio em explosão. O momento da explosão da bomba cósmica representou o nascimento do Universo.

A idéia de que o Universo passou a existir a partir de uma explosão, que se apóia na descoberta de Slipher do movimento das galáxias, geralmente é denominada *teoria do Big Bang*, ou *cosmologia do Big Bang*. A semente de tudo o que aconteceu desde então no Universo foi plantada no primeiro instante do Big Bang. A essência de cada estrela, cada planeta e cada criatura viva do Cosmos tem sua origem no momento da explosão cósmica. Ele foi literalmente o momento da criação.

Essa concepção da origem do mundo guarda uma curiosa semelhança com o relato bíblico. Os detalhes da história do astrônomo diferem bastante daqueles que estão na Bíblia, especialmente no que diz respeito à idade do Universo, bem maior do que os 6 mil anos do relato bíblico. Mas a Bíblia e o astrônomo coincidem num aspecto essencial: houve um começo, e a origem de todas as coisas do Universo situa-se nele.

O momento exato em que ocorreu o Big Bang é impreciso em cerca de alguns bilhões de anos. Devido à essa imprecisão, escolhi 15 bilhões de anos, um número redondo; mas a idade correta pode ser 10 ou 20 bilhões de anos. O importante não é determinar com precisão quando ocorreu a explosão cósmica, mas saber que ela aconteceu há bilhões de anos, num momento claramente definido.

Muitos astrônomos consideraram a idéia de um começo abrupto filosoficamente inaceitável, mesmo que o começo tenha sido num passado tão remoto quanto 15 bilhões de anos. Eles relutam em aceitar a idéia de que o Universo não tenha existido eternamente. Contudo, a maioria dos céticos convenceu-se há alguns anos, quando foi feita uma segunda grande descoberta. Em 1965 dois físicos, Arno Penzias e Robert Wilson, detectaram um desconcertante brilho de radiação vindo do céu. Bastante fraca e difusa, a radiação parecia vir não de um corpo em particular, tal como a Lua ou o Sol, mas sim de todo o Universo. Penzias e Wilson ficaram perplexos.

Mas outros astrônomos, que vinham estudando os indícios a favor do Big Bang — a origem explosiva do Universo —, perceberam imediatamente o que era aquela radiação. Seus cálculos haviam demonstrado que, se o mundo de fato passara a existir com uma explosão bilhões de anos antes, uma bola incandescente de matéria branca e radiação teria tomado todo o Universo imediatamente após a explosão. À medida que o Universo se expandia e esfriava, a intensidade dessa luz teria diminuído, mas seus resquícios seriam perceptíveis ainda hoje. Era esse eco da explosão cósmica que os dois cientistas haviam detectado — eles haviam tropeçado na prova de que o Universo tivera um início.

A maioria dos astrônomos estranhou bastante esses resultados; assim, eles se empenharam com grande afinco em descobrir outras explicações para a radiação constatada por Penzias e Wilson — explicações que não implicassem a idéia de um começo abrupto do mundo. Entretanto, há ainda uma outra descoberta que indica que essas explicações não funcionam e que somente a explosão cósmica pode explicar a desconcertante radiação.

A nova descoberta é que os comprimentos de onda, ou cores, presentes nessa radiação são quase idênticos ao padrão de comprimentos de onda previstos para a luz e o calor produzidos numa explosão. Esse padrão de comprimentos de onda é a impressão digital do Big Bang, borrada depois de bilhões de anos, mas ainda inconfundível. A semelhança entre o padrão de comprimentos de onda de uma explosão e o padrão de comprimentos de onda da radiação da bola de fogo convenceu quase todos os cientistas de que o Big Bang realmente aconteceu.

Essa idéia, porém, cria um problema sério para a ciência. Cientistas são pessoas que acreditam que todo acontecimento ocorrido no mundo pode ser explicado pela ciência de uma maneira racional, como sendo o resultado de um acontecimento anterior; eles crêem que a ciência tem uma resposta para quase todas as perguntas. Assim, eles se perguntam: "Por que o Universo começou numa explosão? Como era o Universo antes da explosão? Antes disso, o Universo ao menos existia?"

Para essas perguntas eles não têm respostas — pelo menos não na ciência. James Peebles, astrônomo americano que deu importantes contribuições para a teoria do Universo em expansão, disse há alguns anos: "Não temos idéia de como era o Universo no dia anterior ao Big Bang. As equações recusam-se a nos contar. Eu me recuso a especular." E o físico inglês Edward Milne, refletindo sobre as provas do Universo em expansão, escreveu: "Não podemos fazer nenhuma proposição sobre o estado das coisas no começo; no Ato Divino da criação Deus não teve testemunhas."

GALÁXIAS (*na outra página*). As estrelas agrupam-se em galáxias, assim como os indivíduos se agrupam em nações. As galáxias estão espalhadas pelo Universo e separadas por um imenso espaço vazio. Cada galáxia é um agrupamento de bilhões de estrelas, mantidas juntas pela força da gravidade.

Muitas galáxias giram, e esse movimento confere-lhes a forma achatada de um disco ou prato. A fotografia mostra uma galáxia giratória, classificada nos catálogos astronômicos como NGC 3031. Os bilhões e bilhões de estrelas desta galáxia estão tão próximas entre si que têm a aparência de uma massa contínua de matéria luminosa.

Nosso Sol pertence a uma galáxia giratória e plana chamada Via Láctea, que se assemelha à NGC 3031. Se pudéssemos sair da Via Láctea e olhá-la de uma das bordas, ela seria parecida com a NGC 4565 (*abaixo*).

NGC 4565: Uma galáxia rotatória como a NGC 3031, vista da borda.

NGC 3031: Uma galáxia rotatória espiralada (*na outra página*).

PENZIAS E WILSON. Arno Penzias e Robert Wilson (*na outra página*) receberam o Prêmio Nobel em 1978 pela descoberta da radiação da bola de fogo primordial — uma das maiores descobertas científicas de todos os tempos.

O gráfico *abaixo* mostra os resultados das medições consideradas pelos astrônomos como provas conclusivas de que o Universo começou numa explosão. A área sombreada indica a maneira como a intensidade da radiação da bola de fogo cósmica varia com o comprimento de onda. (A largura do sombreado representa a imprecisão das medições.) O gráfico mostra que a radiação é mais intensa num comprimento de onda de 1,8 mm, apresentando intensidade mais fraca em comprimentos de onda mais curtos e mais longos.

A linha contínua mostra a variação de intensidade com comprimento de onda para a radiação produzida por uma explosão. A concordância entre a área sombreada e a linha convenceu muitos astrônomos de que o Universo começou com uma explosão.

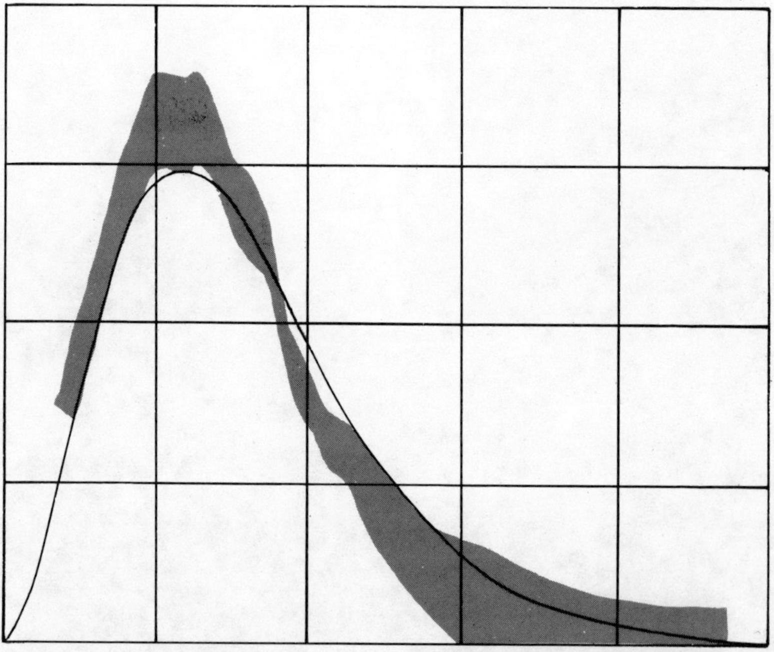

Variação de intensidade com comprimento de onda na radiação da bola de fogo cósmica. A área sombreada abrange as medições; a linha contínua é a curva teórica da energia irradiada numa explosão.

Arno Penzias (*esquerda*) e Robert Wilson recebem o prêmio Nobel de Física de 1978 em Estocolmo.

4. O nascimento das estrelas

É possível que os astrônomos nunca consigam explicar o começo do Universo. Mas, embora não possa explicar o que havia antes do início, a ciência oferece uma descrição satisfatória dos acontecimentos posteriores. Com o auxílio de telescópios e outros instrumentos, os cientistas conseguiram reconstruir a cadeia de eventos ao longo da qual os gases do Universo recém-criado transformaram-se gradualmente em estrelas, planetas e vida.

A narrativa elaborada pelos cientistas começa imediatamente após o Big Bang, quando o Universo era muito denso e muito quente. Os próprios elementos que constituem a Terra e seus habitantes ainda não existiam. O Universo era um mar flamejante de radiação, com partículas emergindo e submergindo, desaparecendo e reaparecendo interminavelmente.

O Universo quente expandiu-se com rapidez e, quando alcançou um segundo de idade, sua densidade caiu para a densidade da água, e sua temperatura desceu para quinhentos milhões de graus. Nesse momento, os elementos fundamentais da matéria — elétrons, prótons e nêutrons — condensaram-se a partir do mar de radiação quente, assim como gotículas de aço derretido no vapor metálico de um forno.

O Universo continuou a se expandir, e a temperatura caiu ainda mais. Quando o Universo atingiu três minutos de idade, ela caiu para cinco milhões de graus. Nesse ponto, prótons e nêutrons uniram-se em grupos de quatro e formaram núcleos de hélio.

Após os três primeiros minutos, nada de importante aconteceu durante um milhão de anos. Um brilho de radiação deixado pela bola de fogo cósmica permeava o Universo, obscurecendo a visibilidade como uma névoa espessa. Partículas movimentavam-se erraticamente pela névoa, colidindo com outras partículas e, às vezes, com massas de energia radiante.

Quando o Universo tinha cerca de um milhão de anos, houve uma ocorrência importante: surgiram os primeiros átomos. Um átomo consiste em elétrons em órbita ao redor de um núcleo. Quando o Universo era bem jovem e quente, as colisões entre as partículas eram violentas. Como conseqüência dessas colisões violentas, sempre que um elétron era capturado por um núcleo para formar um átomo, ele era expulso de sua órbita quase imediatamente. Mas quando o Universo tinha cerca de um milhão de anos, seus gases já estavam um pouco mais frios e as colisões tornaram-se mais suaves. Agora, muitos elétrons podiam continuar em órbita depois de serem capturados. A partir desse momento, a matéria do Universo passou a ser constituída principalmente por átomos de hidrogênio e hélio, rodopiando pelo espaço em vastas nuvens.

Ao mesmo tempo, a névoa obscurecedora de radiação dissipou-se, e o Universo tornou-se repentinamente transparente. Essa mudança ocorreu porque a luz, que é uma forma de radiação, não consegue atravessar partículas eletricamente carregadas. Os elétrons e prótons que se movimentavam pelo espaço antes da formação dos átomos eram, é claro, eletricamente carregados. Um átomo, por outro lado, é eletricamente neutro, pois a carga elétrica positiva do próton anula a carga negativa do elétron. Assim, o bloqueio de radiação produzido pelos átomos é pequeno.

Tão logo os átomos do Universo combinaram-se com

prótons ou outros núcleos para formar átomos neutros, os raios de luz ficaram livres para percorrer grandes distâncias, e tornou-se possível ver o Universo de uma extremidade à outra. Mas não havia nenhum olho presente para perceber o Universo. Nem haviam surgido ainda galáxias, estrelas, planetas ou vida.

Depois do surgimento dos átomos, passou-se um longo período sem que houvesse mudanças de importância. O Universo continuou a se expandir, tornando-se gradualmente mais frio e menos denso. Mas quando o Universo tinha cerca de um bilhão de anos teve início uma dramática seqüência de eventos.

Imagine-se o Universo naquele período primordial, com um bilhão de anos, cheio de nuvens de hidrogênio e hélio oscilando e rodopiando pelo espaço. No céu ainda não havia luz. O Universo era escuro. Agora imaginemos as nuvens rodopiantes, ralas em alguns pontos, densas em outros. O padrão modifica-se rapidamente; as regiões densas não duram muito tempo; seus átomos voltam a se dispersar em conseqüência dos movimentos erráticos, e em poucos instantes a nuvem densa se dissipa pelo espaço.

Cada átomo, porém, exerce uma pequena atração gravitacional sobre seus vizinhos. A atração tende a agrupar os átomos e contrapõe-se à tendência da nuvem de átomos para se desagregar. Se o número de átomos na nuvem for muito grande, a soma de todas essas forças de atração separadas irá mantê-la unida indefinidamente. Assim, ela constitui uma bolsa de átomos firmemente amarrada, unida pela atração que cada átomo exerce sobre seus vizinhos. Essa nuvem de gás no espaço, conservada coesa pela gravidade, é uma estrela embrionária.

Uma vez formada, a nuvem, assim como a Terra ou qualquer outro corpo de grandes proporções, exerce uma atração gravitacional sobre o material de sua superfície. Sob a influência dessa atração, os átomos da superfície começam a "cair" rumo ao centro da nuvem. Na queda, eles adquirem velocidade, e sua energia aumenta. Esse aumento de energia, por sua vez, aquece o gás e eleva sua temperatura. Gradualmente, sob a ação da gravidade, a nuvem se contrai e, portanto, fica mais quente.

Depois de aproximadamente dez milhões de anos, a temperatura no centro da nuvem que se encolhe atinge o nível crítico de dez milhões de graus Celsius. A essa temperatura desencadeia-se uma reação nuclear no centro da nuvem, semelhante à reação nuclear que proporciona energia para uma bomba de hidrogênio. A reação libera enormes quantidades de energia nuclear. A energia sobe para a superfície, fazendo a bola de gás brilhar. Surge uma nova luz no céu. Uma nova estrela acaba de nascer.

A estrela, queimando combustível nuclear em seu centro, dura até a quase exaustão desse combustível. No caso de uma estrela do tamanho do Sol, isso leva cerca de dez bilhões de anos. Visto que o sol nasceu há 4,5 bilhões de anos, podemos dizer que ele é uma estrela de meia-idade; viverá ainda outro tanto.

À medida que a estrela envelhece, a fogueira nuclear em seu interior queima continuamente, consumindo hidrogênio e hélio — a matéria primordial do Universo — e deixando um resíduo de elementos mais pesados. Esses elementos mais pesados são as cinzas do fogo da estrela, que incluem o oxigênio, o ferro, o cobre e muitos outros elementos. Segundo os astrônomos, todos os elementos do Universo, exceto o hidrogênio e o hélio, são as cinzas das reações nucleares ocorridas nas estrelas. Alguns elementos queimam no interior de uma estrela durante toda a sua vida. Outros — os mais pesados — são produzidos nos breves momentos catastróficos de desmoronamento e explosão que põem fim à existência da estrela.

Antes de se extinguir, quando as reservas de combustível nuclear em seu centro encontram-se quase esgotadas, a estrela começa a mostrar os sinais de sua idade. O primeiro deles é uma pronunciada dilatação e avermelhamento das regiões externas da estrela. Essas estrelas envelhecidas e dilatadas chamam-se *gigantes vermelhas*. O Sol se tornará uma gigante vermelha e dilatada daqui a seis bilhões de anos, mergulhando os planetas internos do Sistema Solar em gases quentes e vaporizando a Terra e quaisquer criaturas que possam restar em sua superfície. À essa altura, os descendentes do homem provavelmente terão fugido do Sistema Solar e viajado para uma estrela mais nova.

Após um breve intervalo de alguns milhões de anos como gigante vermelha, uma estrela começa mais uma vez a desmoronar sob a força da gravidade. O que ocorre a seguir depende do tamanho da estrela. As estrelas têm tamanhos diferentes — pequeno, médio e grande. Se a estrela possui dimensões modestas, seu desmoronamento continua até ela se tornar uma esfera encolhida de matéria branca extremamente densa e quente. Essas estrelas encolhidas chamam-se *anãs brancas*. Um recipiente com mais ou menos meio litro de matéria de uma anã branca pesaria umas mil toneladas. Lentamente, a anã branca irradia o que sobrou de seu calor para o espaço, até finalmene tornar-se uma massa de matéria fria e escura e entrar no cemitério das estrelas.

Em torno da anã branca há uma grande camada de matéria gasosa — os restos da gigante vermelha. Essas camadas gasosas, de brilho multicolorido, são objetos de extraordinária beleza. Elas são chamadas *nebulosas planetárias* porque os astrônomos que as descobriram acharamnas parecidas com famílias de planetas — ou seja, novos sistemas solares — passando pelo processo de formação a partir de gás e poeira. Sabemos hoje que as nebulosas planetárias não têm ligação alguma com planetas ou sistemas solares, embora o nome tenha sido preservado.

O Sol, que é uma estrela moderadamente pequena, terminará dessa maneira, como uma anã branca, perdendo a camada externa de gases brilhantes e gradualmente tornando-se amarela, vermelha, e finalmente invisível.

As estrelas gigantescas, maiores que o Sol, terão outro destino. Por serem tão enormes, o colapso final é um evento dramático. Pressões descomunais convergem para o núcleo da estrela, comprimindo o material de seu âmago num núcleo denso. As camadas externas da estrela empilham-se em torno desse núcleo denso... e os gases efervescentes, comprimidos, ricocheteiam numa explosão violenta, arremessando as camadas externas para o espaço.

O colapso final e a explosão derradeira de uma grande estrela são cataclísmicos. Uma nuvem de restos flamejantes estende-se do local da explosão numa velocidade de milhares de quilômetros por segundo, expandindo-se num raio de aproximadamente 1,5 bilhão de quilômetros num só dia. A estrela em explosão chama-se *supernova*, e é um dos maiores espetáculos do Universo. De séculos em séculos explode uma supernova em nossa galáxia, o que de repente nos permite ver uma nova estrela no céu, mais brilhante do que milhões de estrelas comuns, tão resplandecente que chegamos a vê-la à luz do dia.

A Europa pôde ver a espetacular explosão de uma supernova em 1572, e outra vez em 1604. Essas supernovas estavam em nossa galáxia; em termos de medidas cósmicas, a alguns passos do Sol. Brilharam durante semanas como faróis no céu escuro e depois foram desaparecendo aos poucos até se tornarem invisíveis. Naquela época, ninguém sabia que uma estrela era uma esfera de gás flamejante que se formava no céu, vivia durante algum tempo e depois morria. A ciência só compreenderia isso quatro séculos depois. Dois mil anos antes, Aristóteles afirmara que o céu era imutável e elaborara seu Universo tendo por base essa suposição. Todos acreditaram nele. Mas agora constatava-se a existência de duas outras estrelas — que todos viram!

Uma supernova só voltou a explodir em nossa galáxia ou perto dela em 1987. Em 23 de fevereiro desse ano, um assistente noturno no Observatório Las Campanas, no Chile, interrompeu seus afazeres e saiu para caminhar. Olhando para o céu, ele notou algo de peculiar na Grande Nuvem de Magalhães, uma galáxia próxima e relativamente pequena, constituída por alguns bilhões de estrelas, presa à Via Láctea pela força da gravidade. Conhecendo as estrelas do céu meridional como a palma da mão, o assistente viu uma estrela em determinado ponto da Grande Nuvem de Magalhães onde antes não havia nenhuma. Tratava-se de uma supernova — a primeira a ocorrer perto de nossa galáxia desde o início da astronomia moderna.

As explosões de supernovas têm uma importância especial para os cientistas interessados em reconstruir a cadeia de acontecimentos que levaram ao surgimento do homem na Terra. Quando ocorre a explosão de uma supernova, o corpo da estrela se pulveriza e envia para o espaço átomos de carbono, nitrogênio, oxigênio e muitas outras substâncias que foram produzidas no interior da estrela durante o seu tempo de vida. No espaço, esses átomos mesclam-se ao hidrogênio e ao hélio da galáxia e formam uma mistura gasosa contendo todos os elementos conhecidos do Universo.

Posteriormente, formam-se outras estrelas a partir das nuvens de hidrogênio e hélio que foram enriquecidas pelos produtos das muitas explosões estelares do passado. O Sol é uma dessas estrelas; ele contém remanescentes de um sem-número de estrelas que viveram e morreram nos primeiros anos do Universo. Os planetas também possuem remanescentes estelares, e a Terra e toda vida que há aqui, inclusive o homem, são constituídos quase que inteiramente por eles. Nascemos todos dos restos de estrelas mortas.

NASCIMENTO DE ESTRELAS. Os pontos escuros espalhados por esta fotografia da nebulosa conhecida por NGC 6611 são densos bolsões de gás e poeira, mantidos juntos pela força da gravidade. Esses bolsões de gás ainda não são estrelas, mas serão um dia. Cada um deles tem algumas centenas de bilhões de quilômetros de ponta a ponta. As nuvens brilhantes são massas de matéria gasosa que foram aquecidas pela absorção de radiação das estrelas novas e quentes que se formaram recentemente entre elas.

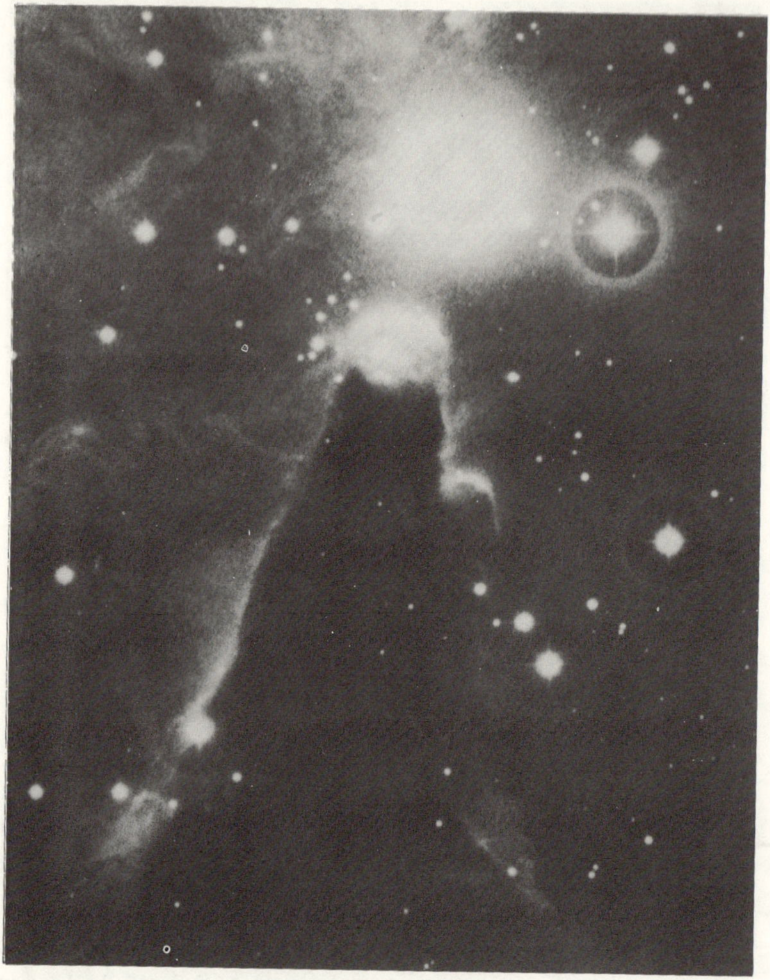

A NEBULOSA CÔNICA: OUTRA SEMENTEIRA DE ESTRELAS. Esta região de nossa galáxia, conhecida pelos astrônomos como Nebulosa Cônica, ou NGC 2237, contém muitas nuvens de gás e poeira que são as sementeiras de novas estrelas. Podem-se ver na fotografia muitas estrelas quentes, recém-formadas. O cone escuro, de ponta rombuda, estendendo-se para cima em direção ao centro, é uma nuvem grande e relativamente densa que bloqueia a passagem da luz das estrelas atrás de si. As estrelas mais brilhantes desta fotografia e da foto da outra página provavelmente têm menos de um milhão de anos.

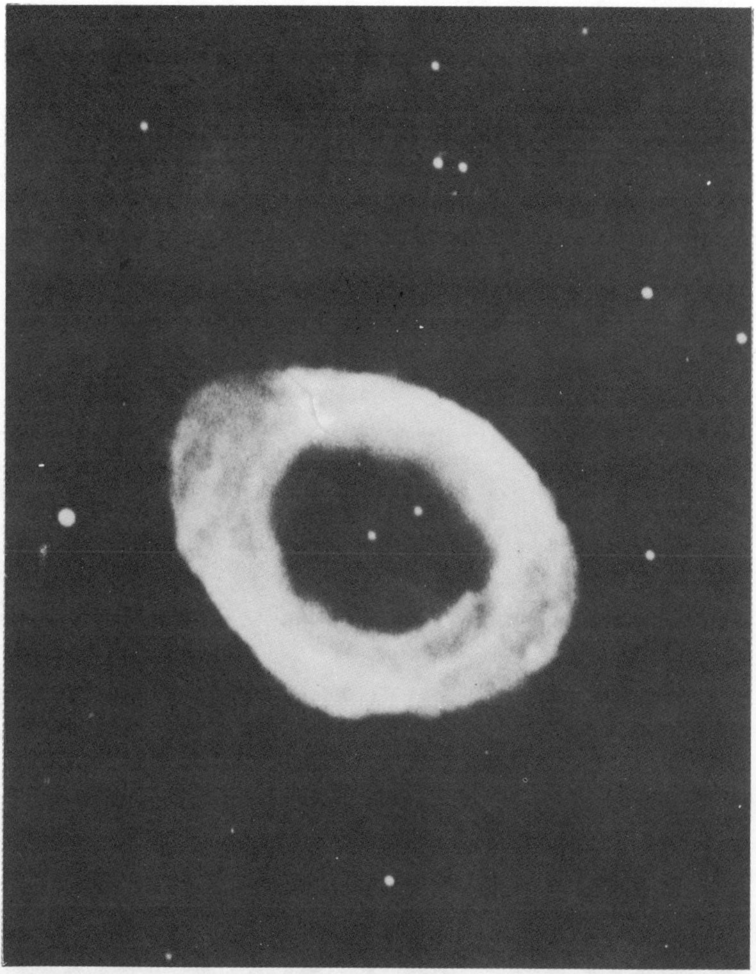

MORTE DE UMA ESTRELA PEQUENA. Esta fotografia mostra uma estrela de tamanho modesto que liberou sua região externa na forma de uma camada em expansão de gás luminoso. Pode-se ver o núcleo denso da estrela original no centro da camada em expansão. Daqui a aproximadamente cinco bilhões de anos, quando se aproximar do fim de sua vida, o Sol irá se desligar de seu invólucro externo tal qual esta estrela.

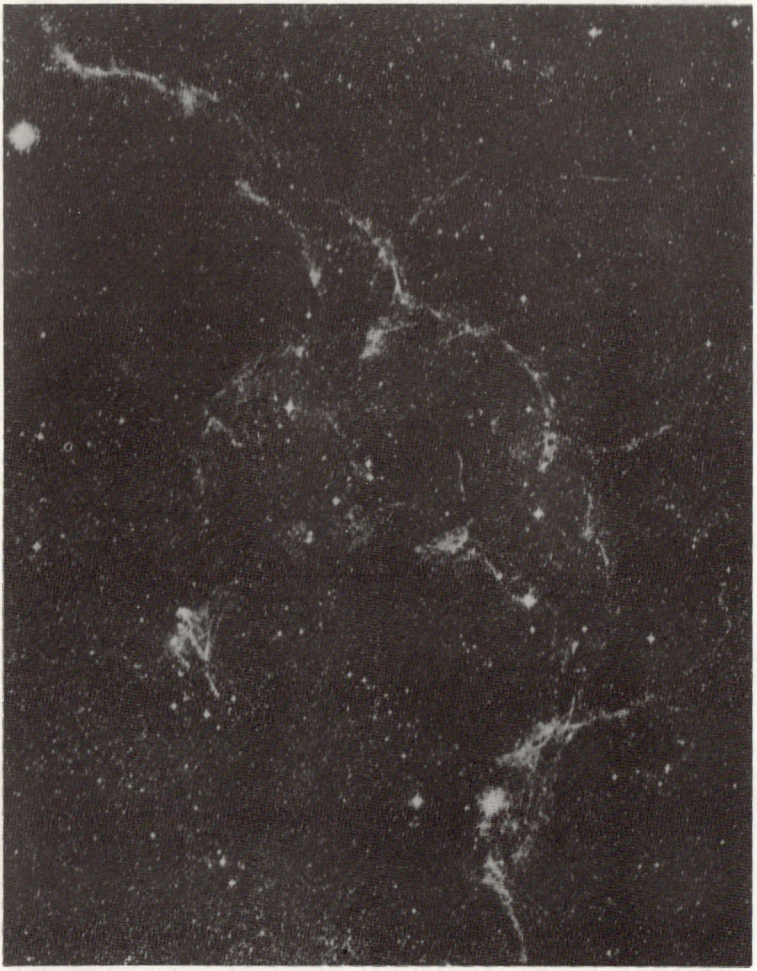

MORTE DE UMA ESTRELA GRANDE. As estrelas grandes se extinguem numa explosão titânica chamada supernova. A nuvem de matéria gasosa que se expande *acima* é o que sobrou de uma estrela grande que chegou ao fim da vida e explodiu há dez mil anos. O núcleo comprimido da estrela explodida está no centro do pequeno círculo branco. A nuvem encontra-se a 1.500 anos-luz de nós, ou aproximadamente quinze mil trilhões de quilômetros.

O ACONTECIMENTO ASTRONÔMICO DO SÉCULO. Em 23 de fevereiro de 1987, os astrônomos do Hemisfério Sul observaram a mais próxima e mais brilhante supernova, ou estrela em explosão, vista em quase quatro séculos. A supernova de 1987 ocorreu numa galáxia anã chamada Grande Nuvem de Magalhães (*direita*), que contém alguns bilhões de estrelas. A Grande Nuvem de Magalhães é uma galáxia satélite presa pela gravidade de nossa galáxia, assim como a Lua é presa pela gravidade da Terra.

A supernova ocorreu numa massa luminosa com forma de aranha conhecida como Nebulosa Tarântula, perto do topo da Grande Nuvem de Magalhães. A Nebulosa Tarântula é outra sementeira de estrelas que contém muitas estrelas novas, enormes e quentes. As fotografias *abaixo* mostram o céu próximo da Nebulosa Tarântula antes e depois da explosão da supernova.

A estrela que explodiu era vinte vezes maior do que o Sol e existia havia dez milhões de anos. Em seus primeiros anos era muito mais quente do que o Sol e cinqüenta mil vezes mais brilhante. Originalmente azul, tornou-se vermelha e depois azul outra vez nos últimos anos de sua vida, evoluindo num ritmo cada vez mais acelerado no final.

Em rápida sucessão, fogueiras nucleares queimando no centro da estrela produziram carbono, oxigênio, neônio, magnésio, enxôfre, silício, ferro e outros elementos. Em questão de segundos, a estrela desmoronou e pulverizou-se na explosão observada pelos astrônomos terrestres.

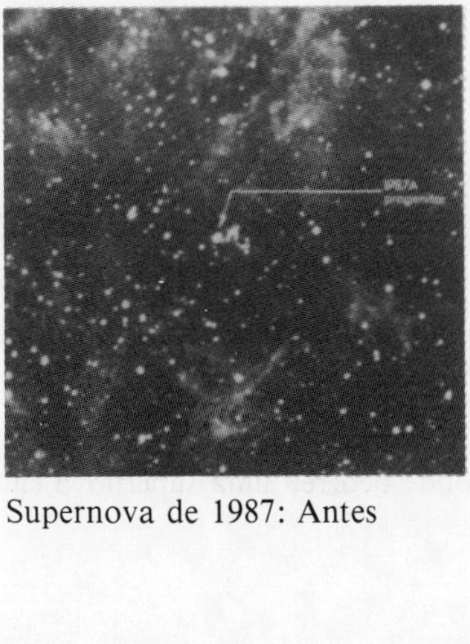

Supernova de 1987: Antes

Depois

Durante o primeiro segundo da explosão, a energia emitida por toda a estrela em extinção foi maior do que a energia emitida por todo o Universo visível. A explosão gerou um intenso estouro de neutrinos — partículas sem massa nem carga emitidas em reações nucleares. Em 21 de fevereiro de 1987, cem bilhões de neutrinos da estrela explodida atravessaram o corpo de todos os habitantes da Terra. Segundo a teoria dos astrônomos, a maior parte da energia de uma estrela em explosão é conduzida por neutrinos. A detecção do estouro de neutrinos, exatamente como o previsto, deu aos astrônomos mais certeza de que suas idéias a respeito do nascimento e da morte das estrelas estão corretas.

A Grande Nuvem de Magalhães, onde ocorreu uma supernova em 1987 (*na outra página*).

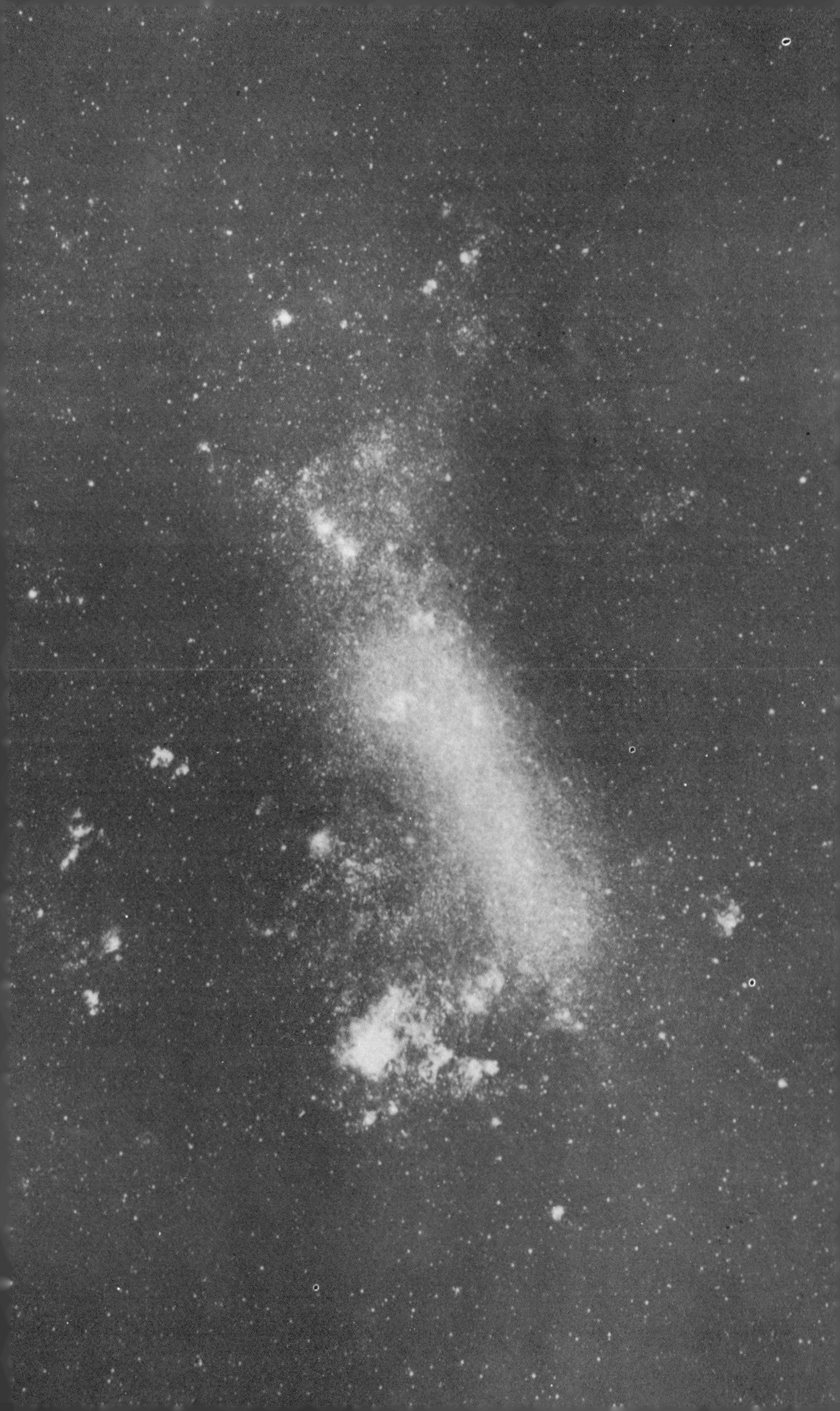

5. *Buracos negros e quasares*

Robert Oppenheimer foi um famoso físico americano que dirigiu o projeto da bomba atômica em Los Alamos durante a Segunda Guerra. Antes do início da guerra, ele e um estudante fizeram um cálculo cujos resultados deixaram-no perplexo. Oppenheimer empregou a teoria de Einstein para calcular o que acontece a uma estrela que desmorona no fim da vida. O resultado foi "muito estranho", escreveu ele para um amigo.

Oppenheimer descobriu que quando uma estrela chega ao fim da vida e desmorona, esse desmoronamento às vezes prossegue sem interrupção. A matéria no centro da estrela — pesando trilhões e trilhões de toneladas — é comprimida e passa gradativamente de seu diâmetro original de milhares de quilômetros para o tamanho de uma casa, de uma bola de golfe, de uma cabeça de alfinete, continuando a diminuir cada vez mais. Finalmente, os trilhões e trilhões de toneladas da estrela acumulam-se no centro e formam um núcleo diminuto e quase inimaginavelmente denso de matéria.

A atração da gravidade na superfície desse caroço de matéria é inconcebivelmente grande; de fato, a gravidade é tão forte que nada consegue escapar da estrela espremida — nem mesmo a luz. Feito uma bola atirada para cima da superfície da Terra e depois puxada para baixo pela gravidade, cada raio de luz da estrela é puxado de volta para seu interior. Visto que os raios de luz não conseguem sair, a estrela é invisível. Ela se tornou um buraco negro no espaço[1].

É esse o significado do termo buraco negro — um objeto estupendamente comprimido cuja gravidade é tão poderosa que nada consegue escapar dela. Tudo o que há dentro do buraco negro está preso para sempre. Qualquer raio de luz ou objeto material que venha do exterior e entre no buraco negro também fica preso; nunca mais sairá. O interior do buraco negro é totalmente isolado do mundo exterior; ele pode engolir energia e matéria, mas não pode mandar nada de volta. Com efeito, o material no interior do buraco negro foi tirado de nosso Universo. Tornou-se um universo em si mesmo.

Suponhamos que uma astronave passe pelas proximidades de um buraco negro. Contanto que não chegue demasiado perto, ela estará segura; a gravidade do buraco negro a atrairá e a desviará um pouco de seu caminho, mas nada além disso acontecerá à nave. Entretanto, se rumar

---

1. Segundo os cálculos de Oppenheimer, no primeiro estágio do desmoronamento, a pressão no centro da estrela comprime elétrons de carga negativa com núcleos de carga positiva para formar nêutrons. Uma bola gigantesca de nêutrons, chamada estrela de nêutrons, surge no centro da estrela. Visto que os nêutrons ocupam bem menos espaço do que elétrons e prótons separados, a estrela de nêutrons é bastante compacta e densa. De fato, um pedaço de uma estrela de nêutrons do tamanho de um tijolo pesaria cem bilhões de toneladas. Se puséssemos esse tijolo sobre a mesa, ele abriria um buraco na mesa, no piso, perfuraria o solo, passaria pelo centro da Terra e atravessaria o planeta.

Tudo isso já era conhecido quando Oppenheimer fez seus cálculos. O inédito nos resultados a que chegou foi a descoberta de que a estrela em desmoronamento pode passar pelo estágio de estrela de nêutrons e formar um objeto ainda mais estranho — mais estranho, aliás, do que qualquer coisa que os astrônomos jamais imaginavam existir no espaço.

diretamente para o buraco negro, a nave entrará nele e desaparecerá para sempre.

O que aconteceria a um astronauta que caísse num buraco negro? As propriedades dos buracos negros parecem sugerir que ele seria esmagado pela gravidade. Na verdade, ele seria despedaçado, pois a força gravitacional incidindo sobre a parte de seu corpo que estivesse mais próxima do centro do buraco negro seria mais forte do que sobre qualquer outra parte.

Suponhamos, por exemplo, que o astronauta entrasse primeiro com os pés. Nesse caso, seus pés sofreriam uma atração maior do que a exercida sobre sua cabeça, e pés e cabeça tenderiam a se separar. O astronauta teria a sensação de estar sendo esticado num instrumento de tortura; alguns milionésimos de segundo após ter entrado no buraco negro, ele seria desmembrado; mais alguns milionésimos de segundo e os átomos individuais de seu corpo iriam se decompor em nêutrons, prótons e elétrons separados; finalmente, as próprias partículas elementares seriam esmigalhadas em fragmentos cuja natureza ainda é desconhecida para os cientistas.

Os buracos negros são objetos muito estranhos. Se existirem, devem ser, sem dúvida alguma, os objetos mais extraordinários do Universo. Segundo a teoria da relatividade, sempre que uma estrela suficientemente grande explode como supernova, deve surgir como conseqüência um buraco negro. Mas nem sempre as teorias estão corretas. Como pôr à prova o que disse Einstein?

Visto que os buracos negros são invisíveis por natureza, um teste parece ser impossível. Contudo, descobertas recentes feitas no espaço parecem confirmar a existência dos buracos negros. As descobertas foram feitas por satélites equipados com telescópios de raios X, que coletam e focalizam os raios X provenientes do espaço exterior. Esses raios X do espaço não atingem o solo porque a atmosfera da Terra os bloqueia. É por isso que os telescópios que os focalizam devem ser colocados em satélites.

Esses telescópios de raios X, orbitando em torno da Terra, revelaram que muitas estrelas e galáxias são também poderosas fontes de raios X. Descobriu-se um intenso fluxo de raios X que parecia partir de uma estrela brilhante. Uma observação cuidadosa demonstrou, porém, que os raios não provinham da estrela, mas de um objeto invisível bem próximo a ela. Temos motivos para acreditar que o objeto invisível é um buraco negro girando ao redor da estrela brilhante e visível. Segundo os cálculos dos astrônomos, a atração gravitacional do buraco negro é tão poderosa que arranca tiras de matéria gasosa da superfície da estrela. À medida que se aproxima do buraco negro, o gás adquire velocidade; os átomos chocam-se entre si e o gás torna-se muito quente. Perto da superfície do buraco negro, o gás quente atinge uma temperatura de milhões de graus e emite um fluxo intenso de raios X. Aparentemente foram esses raios X que o satélite detectou. Isso explica como o buraco negro pode produzir raios que traem sua presença — mesmo que ele seja invisível.

Quando uma estrela desmorona sobre si mesma no fim de sua vida, os buracos negros criados devido ao desmoronamento são bem pequenos, com apenas um ou dois quilômetros de diâmetro. As descobertas mais recentes, porém, indicam que esse não é o único tipo de buraco negro do Universo. Os astrônomos encontraram indícios de que o Universo também contém buracos negros gigantescos, com diâmetros de 1,5 bilhão de quilômetros, cada qual com a massa de um bilhão de estrelas.

Os elementos que parecem indicar a existência de buracos negros gigantes são o resultado de uma das mais desconcertantes e notáveis descobertas já feitas na astronomia. Há alguns anos, os astrônomos notaram no céu uma estrela incomum — ou um ponto de luz que parecia ser uma estrela. Porém, ao medirem a distância até a "estrela", verificaram que ela se encontrava a dois bilhões de anos-luz da Terra — muito além das fronteiras de nossa galáxia. Caso se tratasse de uma estrela comum, sua imagem seria bem fraca nessa distância enorme, tão fraca que seria impossível vê-la. O fato de poder ser vista, apesar da distância, indicava que ela devia ser imensamente mais brilhante do que uma estrela comum. Mesmo levando em conta a grande distância, os astrônomos concluíram que o verdadeiro brilho da estrela equivalia ao de centenas de bilhões de estrelas comuns. Em breve encontraram-se outros exemplos de estrelas estranhas. Uma delas era um trilhão de vezes mais brilhante do que uma estrela comum. Sem dúvida, aqueles pontos de luz não eram estrelas. Aquelas luzes no céu, que lembravam estrelas, mas que eram brilhantes demais para sê-lo, passaram a ser conhecidas como *quasi-stellar objects*, ou *quasares*.

O brilho extraordinário dos quasares era apenas uma de suas propriedades incomuns. Mais estranho ainda era o fato de que a sua enorme emissão de energia parecia vir de uma região notavelmente pequena no espaço — menor, com efeito, do que nosso Sistema Solar. Os astrônomos viram-se diante de um verdadeiro enigma. Como um objeto pequeno como um sistema solar pode produzir a energia de centenas de bilhões de estrelas? Para tanto, os quasares deveriam conter centenas de bilhões de estrelas. Mas eles ocupam um volume de espaço demasiado pequeno para tanto.

Os astrônomos perguntaram a si mesmos se existiria

uma força ainda desconhecida pela ciência gerando a energia dos quasares — uma força ainda mais poderosa do que a força nuclear que gera a energia irradiada de uma estrela comum. Tratava-se de uma descoberta importantíssima, pois até então a força nuclear era a mais poderosa força conhecida do homem. O mistério tornava-se maior.

Mas então surgiu uma pista para a compreensão da natureza dos estranhos quasares. Quando modificaram os instrumentos de seus telescópios para poderem detectar objetos bastante difusos, os astrônomos viram a imagem fraca de uma galáxia em torno de muitos dos quasares. De início eles não haviam visto essas galáxias porque a sua imagem era bem mais fraca do que a do brilhante quasar; o astrônomo estabelecia no telescópio um tempo de exposição breve o bastante para evitar uma exposição excessiva da imagem do quasar, e, assim, a imagem da galáxia não aparecia na fotografia.

Tão logo deram-se conta de que os quasares localizavam-se no centro das galáxias, muitos astrônomos pensaram numa solução para o mistério. O que é extremamente compacto mas pode gerar uma quantidade enorme de matéria? Somente um objeto satisfaz os requisitos. Parece bizarro demais para ser verdade, mas... poderá existir um imenso buraco negro oculto no centro de cada uma dessas galáxias? Será que os quasares são na verdade gigantescos buracos negros?

Se isso for verdade, a fonte da enorme liberação de energia do quasar fica patente. O buraco negro localiza-se no centro de sua galáxia, rodeado por muitas estrelas, que circulam ao seu redor sob a ação da sua gravidade, perfazendo, gradualmente, uma espiral na sua direção. À medida que cada estrela se aproxima, seu corpo gasoso é despedaçado pela poderosa força gravitacional do buraco negro.

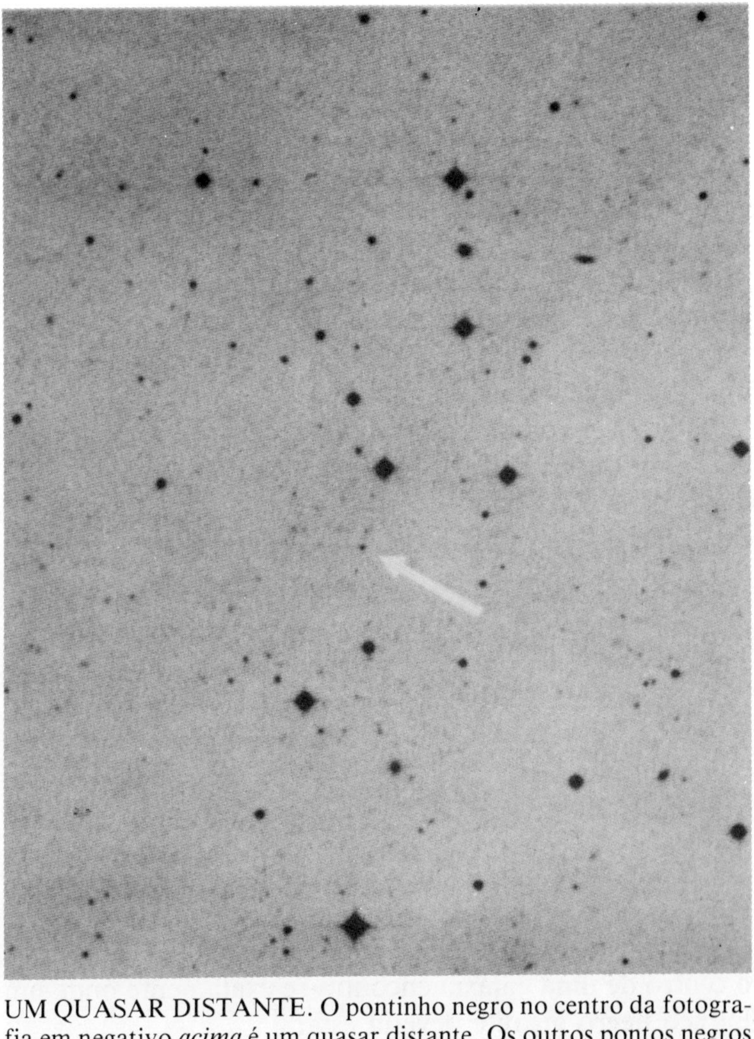

UM QUASAR DISTANTE. O pontinho negro no centro da fotografia em negativo *acima* é um quasar distante. Os outros pontos negros são estrelas relativamente próximas situadas em nossa galáxia. Este quasar tem o brilho de cem *trilhões* de estrelas, mas ainda assim sua imagem parece fraca comparada à das muitas estrelas isoladas a sua volta, pois ele se acha a doze bilhões de anos-luz da Terra — muito além da fronteira de nossa galáxia e a três-quartos da distância até o fim do Universo visível.

Os átomos de matéria gasosa no interior da estrela em desintegração adquirem uma velocidade cada vez maior sob a atração do buraco negro. Quando chegam perto do buraco negro, os átomos colidem entre si. É essa energia o que vemos quando observamos um quasar.

Os cálculos mostram que se o buraco negro no centro da galáxia for de tamanho normal — se for do tipo que resulta da explosão que assinala a morte de uma estrela grande — ele não produzirá energia suficiente para explicar o brilho dos quasares. Mas, se for gigantesco — digamos, um bilhão de vezes maior do que um buraco negro "comum" —, o buraco negro despedaçará estrelas próximas com tamanha força que irradiará imensas quantidades de energia para o espaço — suficientes para explicar a energia provinda mesmo dos quasares mais deslumbrantes.

Assim, a idéia de um buraco negro gigante oculto no centro de uma galáxia explica as duas notáveis propriedades dos quasares. Primeiro, ela explica a prodigiosa quantidade de energia que eles emitem. Segundo, visto que os buracos negros são objetos extremamente compactos, ela explica por que a energia provém de uma região tão pequena do espaço.

Tão logo conceberam a idéia de que poderiam existir buracos negros gigantescos no centro de galáxias, os astrônomos não tiveram dificuldade em compreender por que o centro de uma galáxia encontra-se exatamente onde um buraco negro gigante deveria estar.

No centro de uma galáxia, as estrelas estão bem mais próximas entre si do que em qualquer outra parte, pois a atração gravitacional tende a puxá-las em direção ao centro, onde elas se acumulam. A densidade das estrelas próximas ao centro da galáxia pode ser milhões de vezes maior do que nas regiões externas. Visto que se acham tão próximas umas das outras no centro, as estrelas colidem com freqüência. Na parte externa de uma galáxia, as colisões entre estrelas são bastante raras, ocorrendo talvez a intervalos de um bilhão de anos. No centro, porém, podem ocorrer de hora em hora.

Numa colisão, duas estrelas tendem a se unir e formar uma estrela maior. Sendo freqüentes as colisões no centro da galáxia, essa estrela recém-ampliada, de tamanho duplo, provavelmente colidirá com uma terceira, produzindo assim uma estrela ainda maior. Muitas colisões sucessivas resultam numa estrela imensa — do tipo que encontra seu fim numa explosão, deixando atrás de si um buraco negro. Isso significa que o centro de uma galáxia deve conter um número considerável de buracos negros, cujo tamanho ainda não é gigante, mas "normal", formados por ocasião da explosão e da morte de uma estrela grande. Mas a teoria da relatividade de Einstein explica por que é provável a união de vários buracos negros "comuns" no centro de uma galáxia num único e gigantesco buraco negro.

De acordo com a teoria, o diâmetro de um buraco negro é proporcional à quantidade de matéria no seu interior. Assim, toda vez que encontra outro objeto e o engole, o buraco negro cresce. Sendo maior, é mais provável ainda que colida com outros objetos e os engula. Tem início um processo desenfreado no qual, quanto maior for o buraco negro, maior a probabilidade de que engula outros objetos, e, quanto mais objetos engolir, maior ele ficará. Esse processo prossegue até que os maiores buracos negros tenham devorado todos os menores. Finalmente, os buracos negros remanescentes colidem uns com os outros e se engolem, restando um único buraco negro gigante no centro da galáxia.

As estrelas da galáxia, por sua vez, continuam a girar em torno desse buraco negro gigante e a se aproximar dele cada vez mais. Vez por outra uma delas chega perto demais e, puxada pela gravidade, é despedaçada e consumida, emitindo uma enorme quantidade de energia em seus momentos finais. Essas explosões de energia, ocorridos sucessivamente à medida que as estrelas próximas do buraco negro são consumidas, são a fonte da extraordinária produção de energia do quasar.

A história dos quasares e dos buracos negros gigantes está quase terminada. Um quasar é uma galáxia com um buraco negro gigante no centro. A espantosa radiação do quasar é criada por estrelas que alimentam, uma a uma, o buraco negro gigante. Toda vez que o buraco negro gigante despedaça uma estrela, vemos o quasar refulgir como se tivéssemos jogado mais uma acha na fogueira. A princípio, o fogo resplandece porque o buraco negro gigante dispõe de um amplo suprimento de estrelas para a alimentação. Em outras palavras, o brilho do quasar é muito grande nesse período inicial. Mas, decorrido certo tempo, muitas estrelas da parte interna da galáxia desaparecem por terem sido despedaçadas e consumidas pelo buraco negro gigante. Passado um período relativamente curto, talvez algumas centenas de milhões de anos, restam muito poucas estrelas. Agora desprovido de sua fonte de energia, o quasar desaparece na escuridão. Onde antes chamejava o quasar, resta uma galáxia de aparência comum — mas com um silencioso buraco negro a dormir em seu centro.

Esse quadro explica por que os quasares são tão raros no Universo. Anteriormente, os quasares — ou seja, galáxias tendo no centro buracos negros devoradores de estrelas — talvez tenham sido relativamente comuns. De fato, muitas galáxias podem ter sido quasares naquele período, com buracos negros gigantes no centro, consumindo estrelas próximas. Mas nessas galáxias os buracos negros há muito tempo engoliram todas as estrelas que se encontravam a seu alcance e deixaram de ser ativos. Os quasares desapareceram, convertendo-se em galáxias comuns.

Nesse caso, por que ainda vemos quasares? Por que nem todos ficaram sem combustível e sumiram? Porque a maioria dos quasares que vemos está muito distante. Por se acharem tão distantes, sua luz demora muito tempo para chegar até nós. Assim, nós os vemos não como são hoje, mas como foram no passado remoto, quando a luz iniciou sua viagem para a Terra.

Naquele tempo longínquo, porém, os buracos negros gigantes do centro dessas galáxias ainda não haviam consumido todas as estrelas a sua volta, e os quasares ainda refulgiam. Hoje esses buracos negros estão dormindo, e os quasares, escuros. Se pudéssemos enxergar um deles na forma como está hoje, veríamos somente uma galáxia — mas não podemos vê-lo, pois está longe demais. Podemos vê-lo somente como foi há muito e muito tempo.

Se essa explicação é correta, muitas galáxias podem ter buracos negros gigantes ocultos em seus centros. Se uma galáxia está próxima, nós a vemos como ela é hoje; o buraco negro gigante no seu centro não está mais ativo, e ela parece uma galáxia comum. Mas, se a galáxia está muito longe, nós a vemos como ela foi no passado, quando seu buraco negro gigante estava ativo — ou seja, quando ela era um quasar.

Os astrônomos tentaram inventar outras hipóteses, além dessa dos buracos negros, para explicar os misteriosos quasares. Eles julgam o buraco negro um objeto tão inacreditável que sua existência deve ser aceita apenas como última hipótese. Mas nada se ajusta tão bem a todos os fatos conhecidos quanto o buraco negro. Assim, um dos mais notáveis capítulos da história da astronomia e da ciência pode estar chegando ao fim. Os buracos negros — "a maior crise da física de todos os tempos", segundo as palavras do renomado físico John Wheeler — devem ser aceitos hoje como uma realidade.

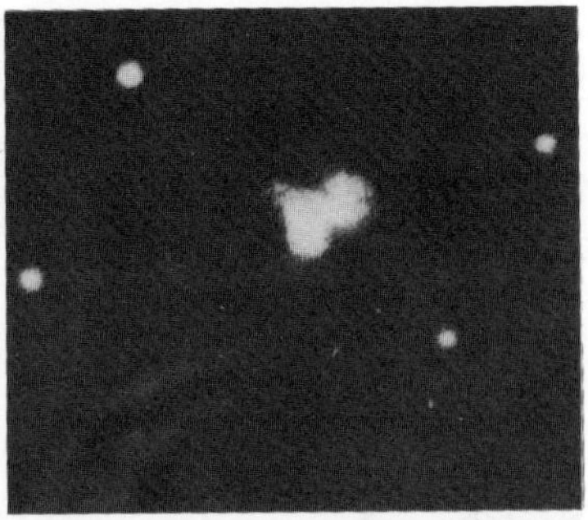

JATOS ENERGÉTICOS DE MATÉRIA. Cisne A (*direita*) é uma galáxia ou objeto semelhante a galáxia, a cerca de 600 milhões de anos-luz, que emite uma enorme quantidade de energia em forma de ondas de rádio. O total da energia de rádio emitida por Cisne A é maior do que a energia emitida em forma de luz por todas as estrelas de nossa galáxia.

Radiotelescópios podem coletar e focalizar as ondas de rádio de Cisne A para formar uma rádio-imagem, assim como telescópios comuns coletam e focalizam luz para formar uma imagem visível da galáxia. A rádio-imagem de Cisne A (*abaixo*) revela um fenômeno extraordinário: Cisne A — o pontinho branco no centro da rádio-imagem — situa-se entre dois enormes jatos de matéria energética, que parecem vindos de lados opostos da galáxia. Cada jato tem aproximadamente 150 mil anos-luz de comprimento. A fonte de energia desses jatos parece ser um buraco negro gigante no centro de Cisne A. Jatos como esses foram observados em mais de cem galáxias e quasares.

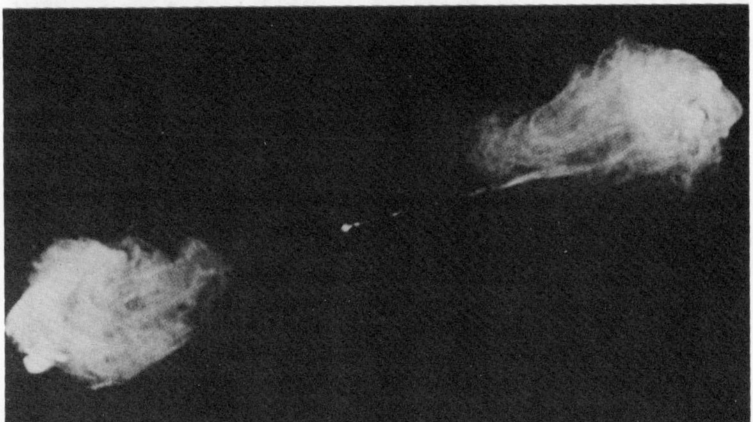

INDÍCIO DA EXISTÊNCIA DE BURACOS NEGROS GIGANTES EM GALÁXIAS PRÓXIMAS. A galáxia de Andrômeda, ou M31 (*acima*), está a apenas dois milhões de anos-luz ou dezenove milhões de trilhões de quilômetros da Terra e é uma das nossas vizinhas galácticas mais próximas. Medições da velocidade das estrelas da galáxia de Andrômeda revelam que elas se movimentam com grande rapidez. Com efeito, essas estrelas sairiam da galáxia e entrariam no espaço se não fossem atraídas pela gravidade de um objeto invisível localizado no centro.

A partir da velocidade das estrelas pode-se calcular que o objeto misterioso é minúsculo em suas dimensões, mas possui uma grande massa — cerca de 50 milhões de vezes mais massa do que o Sol. Esse objeto, com massa grande, mas extremamente compacto, no centro de Andrômeda, aparentemente é um buraco negro.

TERCEIRA PARTE

Explorando nosso sistema solar

6. A família do Sol

A cena se passa há 4,5 bilhões de anos. O Universo tem dez bilhões de anos. Muitos bilhões de estrelas de nossa galáxia já existiram, morreram e explodiram, e os destroços de seus corpos mesclaram-se aos gases primordiais do Cosmos. Uma quantidade substancial de elementos como o carbono, o oxigênio, o silício e o ferro — originados nas estrelas e necessários para produzir planetas e coisas vivas — acumulou-se no Universo. O palco está montado para o surgimento do Sol e sua família.

Então, das névoas rodopiantes da galáxia forma-se uma nuvem. Os átomos da nuvem posteriormente constituirão os corpos do Sol, da Terra e das criaturas que se movem na superfície do planeta. É a nuvem-mãe de todos nós. A princípio, a nuvem-mãe é muito grande e rarefeita, estendendo-se por muitos trilhões de quilômetros. Com o decorrer do tempo, a gravidade reúne os átomos da nuvem, ela se contrai e se torna mais densa e quente. Passados uns dez milhões de anos, o centro da nuvem incendeia-se numa cadeia de reações nucleares. Esse momento marca o nascimento do Sol.

Enquanto o Sol se forma no centro quente da nuvem, nódulos menores de matéria condensada surgem nas regiões mais externas e mais frias. Esses amontoados de matéria também se mantêm unidos pela sua própria atração gravitacional. Posteriormente, segundo a teoria moderna da origem do Sistema Solar, os nódulos menores de matéria condensada irão se converter nos planetas.

Esse quadro oferece uma explicação satisfatória para a formação dos planetas maiores do Sistema Solar — Júpiter, Saturno, Urano e Netuno. São os chamados planetas gigantes, constituídos na maior parte por hidrogênio e hélio — os mesmos gases que compõem a massa do Sol e da maioria das estrelas. Não há dúvida de que os grandes planetas formaram-se tal qual as estrelas. De fato, se Júpiter, o maior dos grandes planetas, tivesse dimensões ainda maiores, poderia ser uma estrela pequena, queimando combustível nuclear e brilhando intensamente devido à energia nuclear em seu centro.

Entretanto, o quadro de um planeta se formando da mesma maneira que uma estrela não funciona tão bem no caso da Terra ou de seus planetas-irmãos — Mercúrio, Vênus e Marte. Esses corpos, conhecidos como planetas telúricos, são bem pequenos comparados aos grandes planetas; a Terra, por exemplo, tem apenas três centésimos da massa de Júpiter. O que cria problemas é a massa pequena da Terra — nosso planeta não teria massa suficiente para se conservar unido pela força de sua própria gravidade. Não poderia ter se condensado a partir dos gases da nuvem-mãe como Júpiter e os outros planetas gigantes.

Assim, *como* a Terra se formou? Esse é um dos mistérios menores na história científica do Gênesis. Os astrônomos crêem que ocorreu mais ou menos o seguinte. Havia no início uma nuvem de matéria gasosa, com o jovem Sol no centro. Gradualmente, com o passar dos anos, essa nuvem perdeu seu calor, transmitindo-o para o espaço. Quando sua temperatura declinou e atingiu determinado ponto, os átomos em seu interior começaram a se fundir e formaram diminutos grãos de matéria sólida.

Os primeiros grãos de matéria a surgirem em abundância foram pedaços de ferro. Foram os primeiros porque a força de atração dos átomos de ferro é maior do que a da maioria dos átomos, e, portanto, são maiores as suas probabilidades de se agruparem em nódulos. Depois do ferro, os outros pedaços de matéria sólida a surgirem foram grãos de material semelhante a pedra. Agora os pedaços de ferro e pedra circundavam o Sol, imersos nos gases mais leves da nuvem-mãe. Alguns se uniram após colisões ou então pela força da gravidade, formando corpos maiores que chegavam a ter provavelmente 1,5 km de diâmetro.

Então, o Sol resplandeceu numa explosão violenta, tal como as estrelas jovens tendem a fazer. A explosão expulsou os gases leves da parte interna do Sistema Solar. Mas os corpos de ferro e pedra, cada qual contendo trilhões de átomos individuais, eram pesados demais para serem expulsos pelos jatos de partículas e radiação provenientes do Sol. Eles continuaram a circundar o Sol depois que os gases desapareceram — como planetas em miniatura. Mais tarde, essas bolas de pedra e ferro juntaram-se e formaram a Terra e seus planetas-irmãos — Mercúrio, Vênus e Marte.

Este relato da criação da Terra é aceito, mas resta uma pergunta interessante a ser respondida. O que levou os pedaços de pedra e ferro a se unirem para formar um planeta? Por que não continuaram a girar ao redor do Sol como pedaços separados de material semelhante ao da Terra?

Não temos certeza quanto à resposta, mas, segundo os astrônomos, deve ter ocorrido mais ou menos o seguinte. Enquanto os pedaços de pedra e ferro orbitavam em torno do Sol, pedaços de matéria às vezes se aproximavam por acidente. A atração gravitacional aproximava-os ainda mais. O processo se precipitava e, sob a força da gravidade, um nódulo de matéria condensada, formado por acidente, transformava-se no núcleo de um planeta.

Esse processo prosseguiu ao longo de um período de muitos milhões de anos, no princípio vagarosamente, mas com um impulso cada vez maior nos estágios finais. Por fim, quase todos pedaços de matéria da parte interna do Sistema Solar foram agrupados em planetas telúricos, e apenas alguns átomos de gás permaneceram no espaço intermediário. O resultado foi um Sistema Solar com dois tipos de planetas. Os telúricos, corpos relativamente pequenos, feitos de pedra e ferro, ocuparam a região interna do Sistema Solar, mais próxima do Sol. Os planetas gigantes, objetos imensos constituídos sobretudo de hidrogênio e hélio, ocuparam a região externa.

Entre os dois grupos de planetas existe uma faixa ampla com largura de 150 milhões de quilômetros, sem planetas. Nessa terra de ninguém, onde deveria haver um outro planeta, existem somente fragmentos de matéria planetária — pedaços de pedra e ferro de diversos tamanhos — circundando o Sol num anel difuso. Esses fragmentos de planeta chamam-se *asteróides*.

Os asteróides giram em torno do Sol numa ampla zona denominada cinturão dos asteróides, onde provavelmente existem muitas centenas de milhares deles, embora os astrônomos tenham descoberto menos de 10 mil até agora. O maior é Ceres, cujo diâmetro atinge pouco mais de 800 quilômetros. Três outros asteróides — Palas, Vesta e Higéia — têm mais de 320 quilômetros de diâmetro. A maioria dos asteróides, porém, é bem menor, chegando ao tamanho de um grão de areia.

Por que o cinturão dos asteróides contém somente pedaços de material planetário e não um planeta inteiro? Em certa época pensava-se que um planeta poderia ter-se formado naquela distância do Sol e explodido em seguida; ou que houvera uma colisão entre dois planetas, da qual re-

FORMAÇÃO DOS PLANETAS (*acima*). No primeiro estágio, constituiu-se uma nuvem de gás e poeira do espaço, aproximados devido à gravidade. O gás quente no centro da nuvem fez surgir o Sol. Na região mais externa da nuvem, onde a temperatura era menor, condensaram-se grãos de matéria sólida. Os grãos minúsculos passaram a circundar o Sol que acabara de surgir. De vez em quando eles colidiam e grudavam-se feito flocos de neve ou então eram unidos pela gravidade, acumulando-se em corpos cada vez maiores. Estes formaram os núcleos dos planetas telúricos e seus satélites. No estágio final, os corpos grandes atraíram os pedaços de matéria que haviam sobrado na nuvem e tornaram-se planetas e satélites inteiros.

sultaram os asteróides. Segundo idéias modernas, nenhuma dessas teorias é correta. A causa é Júpiter.

Antes da formação dos planetas telúricos, quando o Sistema Solar era jovem, pequenos pedaços de ferro e pedra circundavam o Sol, presos pela gravidade do astro. Na parte interna do Sistema Solar, esses pedaços de ferro e material rochoso agruparam-se e formaram a Terra e seus planetas-irmãos. Mas, na região externa, para além da órbita de Marte, o processo de formação dos planetas foi interrompido por Júpiter. Ali, onde hoje se encontra o cinturão de asteróides, fragmentos de pedra e ferro começaram a se agrupar em pedaços maiores e a formar um planeta. Antes disso, porém, a atração gravitacional de Júpiter perturbou a sua órbita. Júpiter, por possuir tanta massa, tem uma força gravitacional maior do que a de qualquer outro corpo do Sistema Solar, exceto o próprio Sol. Por conseqüência, os asteróides, empurrados e puxados pela gravidade de Júpiter, colidiam violentamente, e não com a suavidade necessária para que a força da gravidade os unisse. É por isso que os pedaços de matéria no cinturão de asteróides nunca se acumularam num grande corpo planetário.

A gravidade de Júpiter ainda hoje atrai os asteróides para fora de sua órbita. Ocasionalmente, ela coloca um asteróide em curso de colisão com outro. Quando a colisão ocorre, os estilhaços dos dois asteróides são arremessados em diversas direções e velocidades. Alguns são atirados para fora do Sistema solar, outros na direção do Sol. Alguns destes entram numa órbita que atravessa a da Terra e às vezes chegam a colidir com o nosso planeta. Quando um asteróide atravessa a nossa atmosfera, a fricção de sua passagem pelo ar aquece-o até a incandescência, e ele deixa atrás de si um longo rastro de matéria vaporizada. À noite, pode-se ver claramente o rastro brilhante contra a escuridão do céu. São as *estrelas cadentes*.

Quando é pequeno — do tamanho de um grão de areia ou de um pedregulho —, o asteróide que atinge a Terra é consumido na atmosfera sem atingir o solo. Mas alguns asteróides são suficientemente grandes para sobreviver à passagem pela atmosfera e chegam ao solo mais ou menos intactos. O asteróide que atinge o solo chama-se *meteorito* e pode acabar num museu. A travessia de um meteorito grande pela atmosfera produz uma bola de fogo espetacular, visível à luz do dia. Quando meteoritos muito grandes alcançam o solo, o impacto produz uma cratera. No Arizona há uma cratera de meteorito que é o resultado de uma colisão com um visitante do cinturão de asteróides que pesava mais de 270 mil toneladas, ocorrida há cerca de 30 mil anos.

Em intervalos de alguns milhões de anos um asteróide extremamente grande colide com a Terra. Como isso não aconteceu em tempos históricos, não conhecemos as conseqüências de tal evento. No entanto, o resultado deve ser catastrófico para a vida no planeta, visto que uma rocha com 1,5 quilômetro de diâmetro libera a energia explosiva de um milhão de bombas de hidrogênio quando atinge o solo. Alguns astrônomos e geólogos acreditam que os dinossauros foram extintos há 65 milhões de anos quando um imenso asteróide atingiu a Terra.

Temos certeza de que essas colisões cataclísmicas ocorreram, pois dispomos de uma boa estimativa do número de asteróides que podem colidir com nosso planeta. Existem cerca de mil asteróides com mais de 1,5 quilômetro de diâmetro e cerca de vinte com mais de quinze quilômetros de diâmetro que atravessam a órbita da Terra. Com base nesses números é fácil calcular a probabilidade de uma colisão com a Terra. O cálculo revela que pedaços de pedra com 1,5 quilômetro atingem nosso planeta a intervalos aproximados de um milhão de anos, e pedaços de quinze quilômetros a cada 100 milhões de anos.

Em 1937, Hermes, um asteróide com uns quinze quilômetros de diâmetro, passou a cerca de 650 mil quilômetros da Terra. Na escala de distância do Sistema Solar, isso foi muitíssimo perto. O rastro de Hermes foi seguido por cinco dias e depois nunca mais o vimos. Quando passar por aqui outra vez, num futuro não muito remoto, ele pode atingir a Terra.

Em 23 de março de 1989 os habitantes da Terra novamente escaparam por pouco quando outro grande asteróide passou a menos de 800 mil quilômetros de nosso planeta. Ninguém desconfiara da existência desse asteróide. Se houvesse colidido com a Terra, ele teria liberado uma quantidade de energia equivalente à explosão de 40 mil bombas de hidrogênio. Como tinha o Sol atrás de si ao se aproximar, ele só pôde ser visto depois de já ter ultrapassado a Terra, quando se retirava para o céu noturno. Os astrônomos seguiram-lhe o rastro por alguns dias, até que, tal qual Hermes, ele desapareceu. Num futuro próximo, a Terra pode ser alvo desse novo asteróide ou de Hermes. O impacto provavelmente ocorreria nos oceanos, que cobrem três-quartos da área do globo. Se isso acontecer, ondas colossais podem matar milhões de pessoas que vivem nas regiões costeiras.

Nosso relato sobre o Sistema Solar e sua origem está quase chegando ao fim. A parte interna do Sistema Solar é ocupada pelos planetas telúricos — Mercúrio, Vênus, Terra e Marte —, formados por pedaços de pedra e ferro. Para além dos planetas telúricos acham-se os planetas gigantes — Júpiter, Saturno, Urano e Netuno — imensas esferas de matéria parcialmente gasosa cuja composição assemelha-se à das estrelas. Entre os dois grupos de planetas, incontáveis fragmentos de matéria giram em torno do Sol no cinturão de asteróides.

Porém, falta ainda descrever um planeta — nem telúrico nem gigante. Depois de Netuno, o mais externo dos planetas gigantes, encontra-se o mundo congelado de Plutão, o nono e último planeta do Sistema Solar. Plutão é um planeta pequeno, constituído de quantidades mais ou menos iguais de gelo e pedra e diferente tanto da Terra quanto dos planetas gigantes. A uma distância de 4,8 a 6,4 bilhões de quilômetros do Sol, Plutão leva 248 anos para completar sua órbita.

Plutão provavelmente formou-se da mesma maneira que os planetas telúricos, a partir de pequenos pedaços de matéria sólida que se agruparam em torno do Sol no início do Sistema Solar. Mas, devido à grande distância entre Plutão e o Sol, esses pedaços de matéria, além de pedra e ferro, incluíam pedaços de gelo. Na verdade, era tamanho o frio naquela distância que não apenas a água, mas até mesmo o metano congelou. O metano é uma substância comum na Terra, normalmente encontrada em forma gasosa, às vezes conhecida como gás de cozinha, que só se torna sólida quando atinge a temperatura de 118 graus abaixo de zero. Plutão é rico em metano; a substância cobre os pólos do planeta em estado sólido e em estado gasoso é o principal componente da sua atmosfera.

Embora Plutão seja pequeno em comparação com os outros planetas — é bem menor que a Lua —, descobriu-se há dez anos que ele tem um satélite, menor ainda, batizado como Caronte, o barqueiro infernal que levava as almas dos condenados de uma margem à outra do rio Estige.

A descoberta de Caronte, a lua de Plutão, levou a um grande quebra-cabeça — o mistério do décimo planeta. A história começa no século XIX, quando um astrônomo e um matemático notaram que o planeta gigante Urano, situado depois de Júpiter e Saturno, descrevia movimentos peculiares em sua órbita em torno do Sol, como se um corpo invisível o puxasse. Analisando esses movimentos, ambos concluíram que a sua causa era um planeta até então desconhecido.

Naquela época, o mundo conhecia apenas sete planetas; Netuno e Plutão ainda não haviam sido descobertos. Os astrônomos calcularam onde devia localizar-se o novo planeta e, de fato, um ano depois descobriram um planeta próximo ao ponto previsto. Deram-lhe o nome de Netuno.

Tão logo descobriram Netuno, os astrônomos calcularam novamente a órbita de Urano, agora levando em conta a influência de Netuno. Eles esperavam encontrar uma concordância satisfatória entre seus cálculos e a órbita de Urano. Mas, depois de várias décadas e de incontáveis páginas de álgebra e aritmética, eles verificaram surpresos que a concordância não era tão satisfatória — ainda não era possível explicar todas as peculiaridades da órbita de Urano. Netuno era apenas a causa parcial; além dele, havia alguma outra força puxando Urano. Essa descoberta provocou a busca de mais um planeta desconhecido. Dessa vez, a busca levou 25 anos, terminando em 1930, quando um jovem astrônomo descobriu o nono e último planeta a integrar a família do Sol: Plutão.

Seria esse o fim da história dos planetas, não fosse por um desdobramento provocado pela descoberta de Caronte, o satélite de Plutão. Caronte possibilitou aos astrônomos calcular a massa de Plutão, que até então só pudera ser conjecturada. Quando um planeta tem um satélite, sua massa pode ser calculada com base na velocidade da órbita do satélite. É fácil entender por quê. Se tem uma massa muito grande, o planeta exerce uma atração gravitacional forte sobre o satélite, fazendo com que este gire em alta velocidade para não cair no planeta. Por outro lado, se o planeta é pequeno, sua atração gravitacional é fraca, e o satélite gira vagarosamente, pois, se o fizesse com demasiada velocidade, escaparia da fraca atração gravitacional do planeta e mergulharia no espaço.

Empregando esse raciocínio, os astrônomos calcularam a massa de Plutão com base na velocidade da órbita do seu satélite. Surpresos, eles verificaram que Plutão é um planeta muito pequeno, com apenas alguns milionésimos da massa da Terra. Um planeta tão pequeno, porém, não pode exercer força suficiente para perturbar a órbita de Urano. Para tanto, Plutão precisaria ter uma massa cem vezes maior.

Assim, iniciou-se uma nova busca, agora pelo planeta X, que finalmente explicará os movimentos peculiares de Urano. Se é que existe, o planeta X deve ter pelo menos duas vezes a massa da Terra, localizar-se numa órbita a cerca de 15 bilhões de quilômetros do Sol e levar cerca de mil anos para circundar o Sol. O corpo misterioso — o décimo planeta — ainda não foi descoberto.

Mas mesmo o décimo planeta — se for descoberto — não representará a última fronteira do Sistema Solar. Bem mais além acham-se os milhões de pequenos corpos congelados chamados *cometas*.

Os cometas também giram em torno do Sol e pertencem à sua família. Contudo, eles geralmente se encontram muito longe do Sol, a distâncias de até um trilhão de quilômetros. Assim, um cometa pode levar um milhão de anos para completar uma volta pelo Sistema Solar.

A existência dos cometas é mais um dos pequenos mistérios do Sistema Solar. É fácil compreender por que os cometas são constituídos sobretudo de gelo, pois eles se formam nos mais frios confins da nuvem-mãe, no ponto mais distante dos raios quentes do Sol. Mas por que se formaram é um enigma.

A característica mais espetacular de um cometa é a longa cauda que se forma quando ele ruma para o Sol. (*Cometa* em latim significa "de cabelo comprido".) O fato de serem feitos principalmente de gelo explica por que eles ganham essas caudas quando se aproximam do Sol. Quando o cometa passa por Júpiter e entra na parte interna do Sistema Solar, os raios do Sol aquecem a sua superfície e vaporizam parte do material congelado. O vapor, carregando consigo pequenos grãos de pedra e poeira que estavam incrustados no corpo de gelo do cometa, desprende-se num rastro que às vezes atinge um comprimento de milhões de quilômetros. O rastro brilha intensamente contra o céu noturno, o que faz da passagem de um cometa pelas proximidades da Terra um dos maiores espetáculos que o céu pode proporcionar.

Ao orbitar em torno do Sol, o cometa deixa atrás de si grãos diminutos de matéria rochosa e poeira desprendidos de sua cauda. Quando a órbita da Terra atravessa esses enxames de partículas, muitas delas se queimam na atmosfera de nosso planeta, cada uma deixando um rastro brilhante atrás de si — são as estrelas cadentes. Juntos, os rastros formam um quadro magnífico, conhecido como *chuva de meteoritos*. Todos os anos vê-se uma chuva de meteoritos por volta da noite de 21 de outubro, provocada pelas partículas da cauda do Cometa de Halley.

Alguns cometas foram deslocados das extensas órbitas de um milhão de anos em torno do Sol e passaram a descrevê-las em alguns anos ou décadas. Aqui, mais uma vez, a causa é Júpiter, cuja gravidade pode perturbar a órbita de um cometa quando o intruso se aproxima muito. O mais famoso desses cometas de órbita curta é o Halley, que visitou a Terra em 1910 e voltou em 1986. A visita mais recente ofereceu aos astrônomos a primeira oportunidade de olhar de perto o "núcleo" de um cometa — o corpo congelado lhe fornece o material para a cauda — a partir de uma espaçonave em trânsito pelas proximidades.

Os astrônomos e cientistas espaciais estavam ansiosos para saber como era na realidade o núcleo de um cometa. Descobriram que o núcleo do Halley tem cerca de oito por dezesseis quilômetros e a forma de um caroço que é descrita de várias maneiras — alguns a comparam a um abacate, uma batata, ou um amendoim. Sua densidade é consideravelmente menor do que a da água, indicando tratar-se de um corpo poroso, aparentemente composto de substâncias congeladas, tais como dióxido de carbono, amônia e metano. Há ainda pedaços de material rochoso. Descobriu-se também que a superfície do Halley é preto-azeviche, mais escura que o carvão. Ela não reflete sequer 4% da luz que recebe — o carvão antracito reflete 7% —, e é o mais escuro objeto conhecido no Sistema Solar. Isso se deve à camada de material rico em carbono, semelhante à fuligem, que cobre o corpo do cometa. A camada de fuligem contém ainda moléculas orgânicas — os elementos da vida. Entretanto, as condições nas regiões externas do Sistema Solar, onde os cometas se formam e passam a maior parte de suas vidas, são muito rigorosas, e é bastante improvável a existência de organismos vivos nos cometas.

Planetas, asteróides, cometas — a criação do Sistema

Solar está quase no fim. Resta-nos apenas falar dos satélites dos planetas.

Por que os planetas têm luas? A resposta é clara no que diz respeito aos grandes satélites do Sistema Solar, tais como os quatro maiores de Júpiter. Esse planeta possui tais satélites pela mesma razão que o Sol possui planetas. Os maiores satélites de Júpiter são quase tão grandes quanto planetas, e provavelmente formaram-se ao redor dele da mesma maneira que os planetas telúricos formaram-se em torno do Sol, a partir de pedaços de matéria planetária circundando Júpiter. Com efeito, esse planeta lembra um Sistema Solar em miniatura, com a ressalva de Júpiter não ser uma estrela verdadeira como o Sol por não ter uma fogueira nuclear em seu centro.

Os satélites pequenos do Sistema Solar originaram-se de outra forma. Entre eles encontram-se os dois satélites de Marte, Fobos e Deimos — pedaços de rocha com cerca de 16 quilômetros de diâmetro —, assim como dezenas de satélites pequenos que circulam em torno de Júpiter e dos demais planetas grandes.

Todos esses satélites pequenos provavelmente são asteróides atraídos para fora do cinturão de asteróides. Quando é perturbado pela atração da gravidade de Júpiter e tirado de sua órbita normal, um fragmento de rocha do cinturão de asteróides pode passar por um planeta vizinho, tal como Marte, na distância exata — longe o suficiente para não colidir com a superfície do planeta e perto o suficiente para não continuar espaço afora. Nesse caso, o fragmento é capturado pela gravidade do planeta e pode passar a orbitar ao seu redor como um satélite. A captura de asteróides é uma explicação plausível para os satélites de Marte e as dezenas de satélites menores que circundam os planetas grandes.

Assim, falta tratarmos do satélite da Terra. A Lua não se encaixa em nenhuma das explicações acima. Ela não pode ser um planeta no "sistema solar" da Terra porque a Terra é pequena demais para ter uma família de planetas. E os materiais que compõem a Lua são tão diferentes daqueles dos asteróides que nosso satélite não pode ter vindo do cinturão de asteróides. Na realidade, não dispomos de nenhuma explicação satisfatória para a origem da Lua. Numa escala cósmica, o mistério da origem de nosso satélite natural não tem grande importância, mas, mesmo assim, é instigante. Harold Urey, pai da ciência lunar, estudou o problema e desistiu, dizendo: "É mais fácil fingir que no céu não há Lua do que explicar como ela surgiu lá em cima."

A ORIGEM DA LUA. Harold Urey discute — e descarta — três teorias sobre a origem da Lua numa conferência na NASA. As teorias apresentadas no quadro-negro são: *captura* — a Lua foi atraída para a órbita em torno da Terra durante um encontro casual: *formação binária* — a Lua e a Terra formaram-se ao mesmo tempo como um planeta duplo; *fissão* — a Lua originalmente fazia parte da terra, tendo-se separado dela mais tarde.

JÚPITER: UM SISTEMA SOLAR EM MINIATURA. Ao redor de Júpiter, o maior dos nove planetas, gira uma famíla de corpos planetários, incluindo quatro satélites grandes, do tamanho de planetas, e vários satélites menores. Júpiter é visto aqui *em último plano*, com três de seus quatro satélites maiores — Io, Europa e Ganimedes —, nesta montagem de fotografias tiradas pela *Voyager*, a espaçonave da NASA.

Io (*em cima à esquerda*) é composto quase inteiramente de pedra e ferro, com pouca ou nenhuma água. A *Voyager* observou vulcões em erupção nesse satélite. Io e a Terra são os únicos corpos vulcanicamente ativos conhecidos no Sistema Solar. Ganimedes (*embaixo à esquerda*) constitui-se de gelo e pedra em proporções mais ou menos iguais. Esse satélite é maior do que o planeta Mercúrio. Europa (*centro*) é inteiramente coberto de gelo e tem uma superfície extraordinariamente lisa — suas montanhas mais altas não ultrapassam algumas centenas de metros.

EUROPA. Esta fotografia de Europa, um dos satélites de Júpiter com dimensões planetárias, foi tirada a curta distância pela *Voyager*. Ela revela inúmeras linhas irregulares, em vários tons de laranja e marrom, que cortam a superfície do satélite em todas as direções. A origem dessas linhas é um enigma. Entretanto, elas aparentam ser fendas no lençol de gelo global que foram preenchidas por água lamacenta, proveniente do interior do satélite e congelada na superfície. Uma escola de pensamento sustenta que há um oceano de água sob a crosta coberta de gelo, possivelmente abrigando alguma forma de vida.

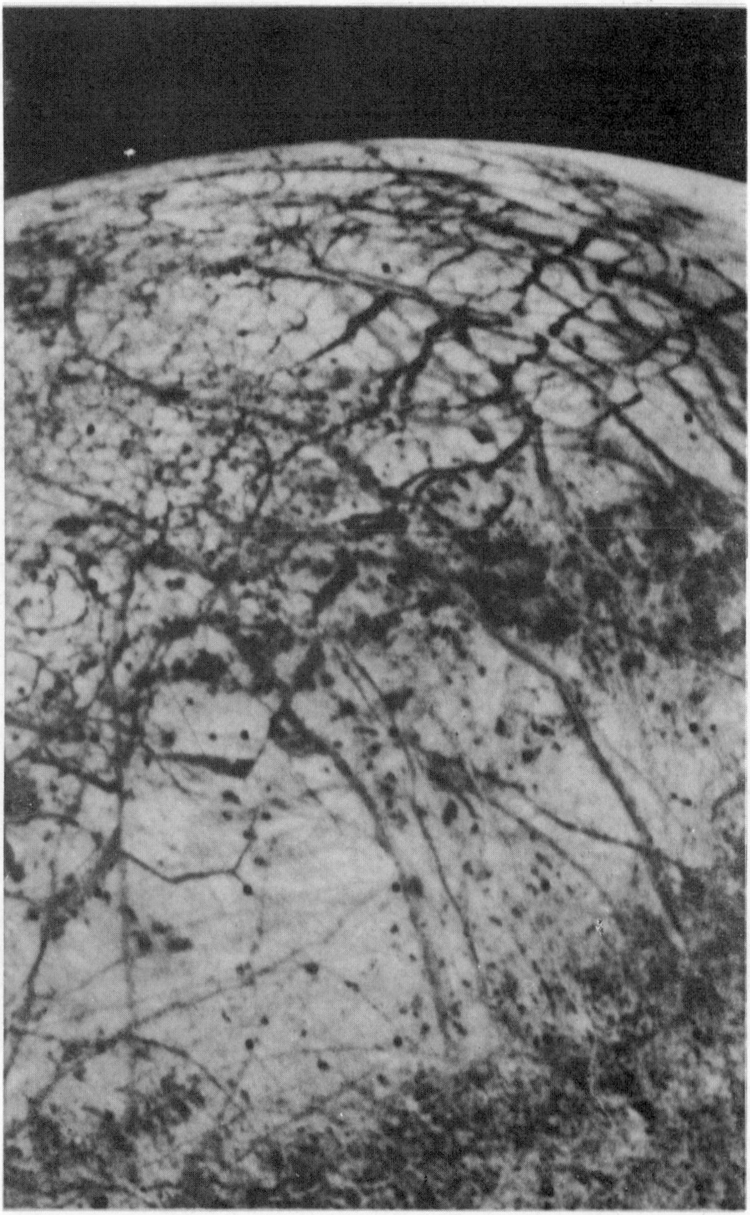

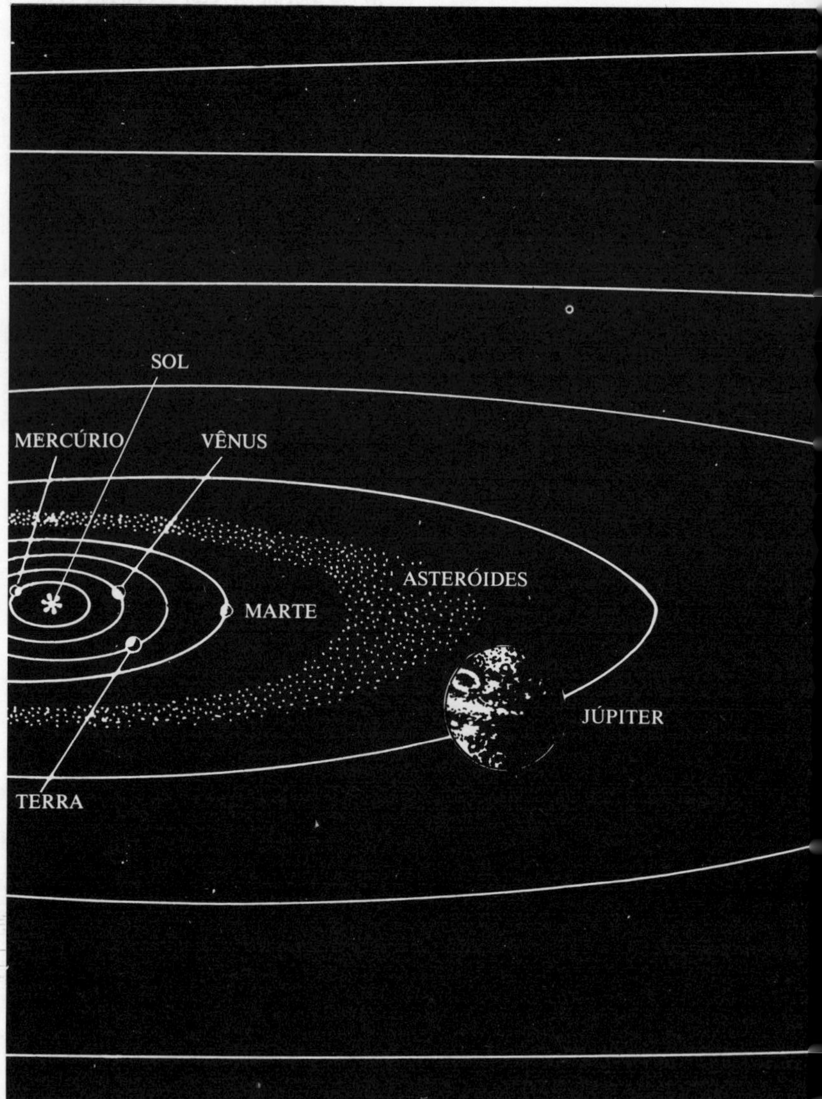

AS ÓRBITAS DOS PLANETAS E O CINTURÃO DE ASTERÓIDES. As órbitas dos planetas são mostradas em escala. A lacuna existente na progressão uniforme das órbitas entre Marte e Júpiter sugere que deveria existir um outro planeta nessa distância do Sol. Porém, aí existem apenas fragmentos de matéria planetária — os asteróides. Esses fragmentos não se agruparam para formar um planeta porque a atração gravitacional de Júpiter perturbava o seu movimento,

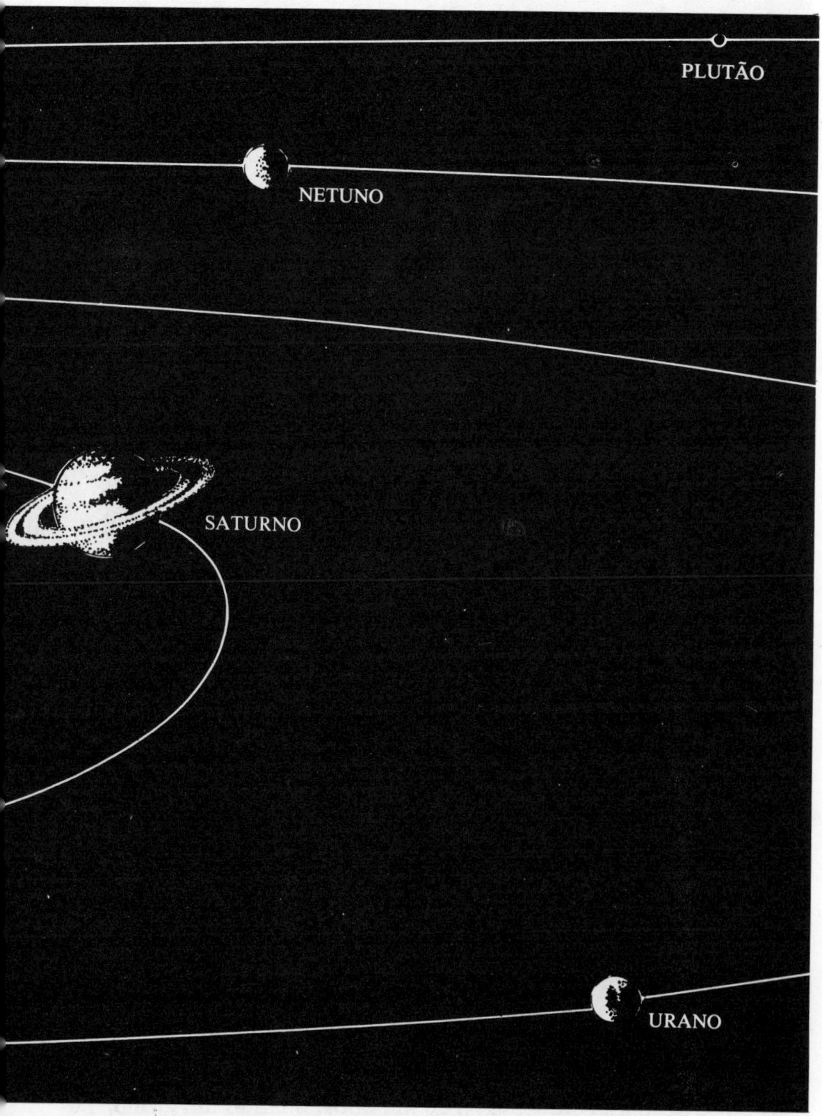

levando-os a colidir repetidamente entre si e interrompendo o processo de acumulação num único e grande corpo planetário.

Alguns asteróides foram empurrados ou puxados por Júpiter e colocados em órbitas que cruzam a órbita da Terra. Vez por outra, um asteróide grande atinge nosso planeta, liberando a energia de um milhão de bombas atômicas.

A CRATERA DE METEORITO DO ARIZONA. Esta cratera, com cerca de 1,6 quilômetro de diâmetro e 180 metros de profundidade, formou-se aproximadamente há 30 mil anos, quando um grande pedaço de ferro e pedra do cinturão de asteróides, pesando quase um milhão de toneladas, atingiu a Terra à velocidade de 32.000 km/h. A colisão liberou a energia de uma dúzia de bombas de hidrogênio.

Asteróides desse tamanho atingem a Terra em intervalos de cen-

tenas de milhares de anos. Asteróides maiores, alguns quase tão grandes quanto a ilha de Manhattan, atingem nosso planeta a intervalos aproximados de centenas de milhões de anos. Se um asteróide grande cair numa região densamente povoada, tal como uma das grandes cidades, milhões de pessoas perecerão. A probabilidade de um asteróide atingir uma cidade grande é de aproximadamente uma em dez mil — pequena, mas possível.

COMETAS. A aproximação de um cometa é um dos maiores espetáculos que o céu nos oferece. O cometa mostrado aqui é o Halley, que visitou as cercanias da Terra pela última vez em 1986.

O rastro de gases que dá ao cometa essa aparência tão notável provêm de um corpo pequeno e sólido chamado núcleo — uma bola de gelo, pedra e gases congelados —, cuja órbita leva-o periodicamente da região externa do Sistema Solar em direção ao Sol. À medida que o núcleo do cometa aproxima-se do Sol, os gases congelados são vaporizados e jorram para trás, numa espetacular cauda reluzente. O cometa Halley perde muitas toneladas por segundo no seu trajeto rumo ao Sol, mas tendo uma massa de aproximadamente 200 bilhões de toneladas, pode durar por muitos milhares de anos.

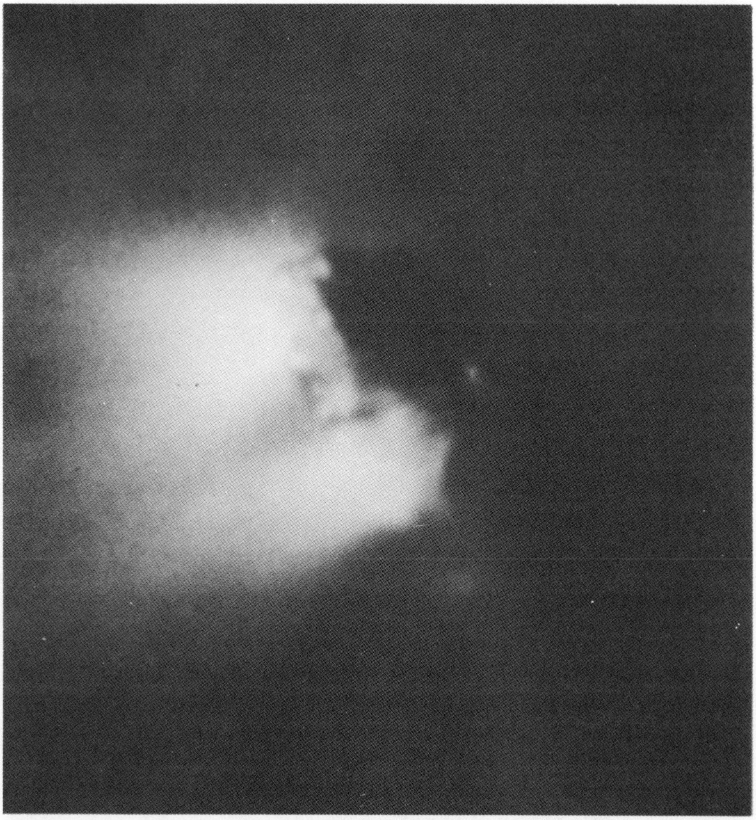

O NÚCLEO DO COMETA HALLEY. A primeira vez que se avistou o núcleo de um cometa foi em 1986, quando astronaves européias e soviéticas passaram perto do núcleo do cometa Halley. A *Giotto*, espaçonave européia, tirou uma foto impressionante do núcleo do cometa, uma estrutura com a aparência de uma batata, com uns 15 quilômetros de comprimento, coberta por uma crosta ressecada, preto-azeviche, rica em compostos de carbono.

A cada sete dias o núcleo gira, oscilando feito um pião. A fotografia mostra duas nuvens de vapor jorrando para a esquerda a partir de grandes buracos na crosta do núcleo. Sempre que o movimento giratório e oscilante do núcleo faz esses buracos se voltarem para o Sol, os raios de luz penetram no corpo do Halley e vaporizam o gelo, que explode nos gêiseres de gás e poeira vistos na fotografia.

7. *Muitas terras ao redor de muitas estrelas*

Quando era um jovem estudante, aprendi que a Terra e seus planetas-irmãos haviam se formado muito tempo antes, numa colisão entre o Sol e uma estrela de passagem. A força da colisão arrancara imensos jatos de gás flamejante dos corpos das duas estrelas. Quando a intrusa se afastou, alguns jatos de material gasoso foram capturados em órbitas circulares em torno do Sol. Um desses longos jatos de gás quente condensou-se numa massa liquefeita, em cuja superfície formou-se uma crosta. Com o decorrer do tempo, a massa esfriou e endureceu. Essa massa liquefeita, que foi esfriando lentamente, era a Terra. Outras massas também esfriaram e endureceram, formando os demais planetas do Sistema Solar.

É fácil calcular a freqüência com que tal tipo de evento pode ter ocorrido. A probabilidade de uma colisão entre duas estrelas depende do seu tamanho e da distância que as separa. O tamanho médio de uma estrela é de 1,5 milhão de quilômetros, mas a distância média entre elas é enorme — alguns trilhões de quilômetros. Em resumo, as estrelas são muito menores do que a distância que as separa de suas vizinhas.

Isso significa que o espaço por onde as estrelas se movimentam é quase vazio e que as colisões entre elas são extremamente raras. Com efeito, os cálculos mostram que muito poucas colisões ocorreram em toda a história de nossa galáxia. Assim — se é realmente dessa maneira que se formam os sistemas solares —, existe um número muito reduzido de sistemas solares em nossa galáxia.

Considerando que a existência de sistemas solares e planetas parece ser um pressuposto para a existência de vida, a Terra talvez seja o único planeta habitado de nossa galáxia. De fato, o homem, criatura inteligente, pode estar sozinho na Via Láctea, e talvez sozinho em todo o Universo.

As teorias modernas sobre o nascimento das estrelas apontam para uma concepção totalmente diferente. Segundo essas teorias, sempre que uma estrela começa a se condensar a partir dos gases do espaço, existe a probabilidade de planetas se condensarem ao seu redor. Se essa teoria for correta, a Terra tem incontáveis duplicatas pelo Universo.

Essa conclusão tem importantes implicações para a possibilidade de existência de vida em outros lugares do Universo. Mesmo que essa probabilidade seja pequena — digamos, uma em um milhão —, o número de estrelas e planetas é tão grande que devem existir incontáveis sistemas solares habitados à nossa volta. O universo deve estar fervilhando de vida, de todas as formas, tamanhos e níveis de inteligência. Todas as especulações sobre a existência de vida extraterrestre fundamentam-se nesse pressuposto.

Infelizmente, ninguém conseguiu confirmar de maneira direta essa interessante previsão. Em outras palavras, ninguém jamais assestou um telescópio para uma estrela distante e viu nas proximidades dela um ponto de luz fraca que pudesse ser um planeta. Isso porque a atmosfera da Terra torna indistintas as imagens das estrelas vistas por telescópio, de maneira que o observador enxerga círculos luminosos difusos e não pontos de luz nítidos. Visto que o planeta acha-se bem perto da estrela, esse círculo luminoso tende a se sobrepor à imagem do planeta e impede que ele seja visto.

Podemos transpor o obstáculo da atmosfera colocando o telescópio em órbita num satélite. Ele registraria imagens bastante precisas, já que um telescópio grande no espaço pode focalizar de uma maneira bastante nítida a luz de uma estrela, de modo a revelar a imagem fraca de um planeta próximo — se houver um planeta. Telescópios colocados em órbita têm mais probabilidades de descobrir possíveis planetas em torno de outras estrelas do que telescópios no solo.

Procurar planetas em outros sistemas solares será uma das mais importantes tarefas do Telescópio Espacial Hubble. O Telescópio Espacial realizará a busca com a ajuda de um engenhoso estratagema, isto é, usar a borda da Lua como máscara para bloquear o fulgor da luz proveniente da estrela central. Isso é possível porque as imagens produzidas pelo Telescópio Espacial Hubble são bastante nítidas. Se fossem tão embaçadas quanto as imagens dos telescópios situados no solo, a luz da estrela central ultrapassaria a borda do anteparo e obscureceria a fraquíssima luz do planeta.

Embora os planetas em órbita ao redor de outras estrelas não sejam vistos prontamente por meio de telescópios localizados no solo, a sua presença pode ser detectada do solo por meio de um método indireto. Ao girar em torno de uma estrela, a gravidade do planeta atrai a estrela e causa uma pequena oscilação em seu movimento pelo espaço. A oscilação não é muito grande porque a estrela tem uma massa bem maior do que a do planeta e, portanto, reage pouco à sua atração. É como se um dançarino grande e pesado — a estrela — dançasse uma valsa com um parceiro pequeno — o planeta. O pequeno se mexe bem mais.

Mas a oscilação da estrela, embora leve, pode ser detectada, pois produz um efeito no comprimento de onda da luz que ela emite. Quando se acha do lado da estrela que está mais próximo de nós, o planeta puxa a estrela em nossa direção, fazendo com que as ondas de luz vindas na direção da Terra sejam comprimidas e tenham seu comprimento de onda reduzido. Do outro lado da órbita, o planeta puxa a estrela para longe de nós, fazendo com que as ondas de luz vindas em nossa direção se alonguem. O resultado é uma alteração rítmica no comprimento de onda de luz proveniente da estrela, ora longo, ora curto, todas as vezes que o planeta descreve a órbita em torno da estrela.

Em 1987 astrônomos relataram que haviam encontrado exatamente essa alteração rítmica no comprimento de onda na luz de várias estrelas próximas, as quais, aparentemente, são puxadas por planetas invisíveis, do tamanho de Júpiter ou maiores. Podem existir também planetas menores, com as dimensões da Terra, mas essas medições indiretas não são suficientemente sensíveis para revelar a sua presença. Contudo, se outros sistemas solares contêm planetas grandes como Júpiter, é plausível que também contenham planetas pequenos como a Terra, tal qual nosso Sistema Solar.

Recentemente vieram à luz mais indícios da existência de outros sistemas solares. Um satélite da NASA fez a notável descoberta de que muitas estrelas próximas a nós têm em volta de si objetos semelhantes a planetas, em processo de formação ainda incompleto. Esse satélite da NASA foi projetado para sondar o céu em busca de objetos que estejam produzindo radiação infravermelha, ou ondas de calor. Ele registrou uma fraca emanação de calor proveniente das cercanias da estrela Vega, uma das mais próximas vizinhas do Sol. O calor parecia originar-se num anel de poeira e partículas pequenas, variando desde o tamanho de um grão de areia até o de um tijolo, orbitando ao redor de Vega.

Segundo as teorias mais recentes sobre a origem dos planetas, acredita-se que um anel de partículas desse tipo, circundando uma estrela em órbita, seja o primeiro passo na criação de um planeta como a Terra. A descoberta de Vega é o primeiro indício de que essas teorias estão corretas. De fato, planetas como a Terra formam-se por meio de coalescência de pedaços de matéria de vários tamanhos.

Levando adiante essa descoberta, os astrônomos descobriram que pelo menos um terço das estrelas próximas a nós emite a radiação de calor do tipo que indica o nascimento de uma família de planetas. Essa porcentagem relativamente grande leva a crer que estrelas com planetas são comuns no Universo, conforme sugerem as teorias modernas sobre o nascimento das estrelas.

Há alguns anos, a idéia de que os planetas se formam como desdobramento natural do nascimento de estrelas e são comuns no Universo não passava de uma teoria. Hoje, ela é quase um fato estabelecido. O homem deve acostumar-se à noção de que a terra não é incomum, de que é apenas um entre inúmeros planetas semelhantes. O novo indício sugere a existência de bilhões de planetas como a Terra em nossa galáxia e de muitos bilhões de outros no Universo observável.

Há quatro séculos Giordano Bruno afirmou que o Sol era uma entre uma infinidade de estrelas e que planetas semelhantes à Terra eram comuns. Queimado na fogueira em 1600, ele teve de sofrer por sua originalidade. Somente hoje, pela primeira vez, a ciência obteve indícios de que Bruno tinha razão. Com efeito, existem mundos planetários em outras estrelas; eles provavelmente são constituídos pelos mesmos materiais da Terra e parecem ser tão numerosos quanto os grãos de areia de todos os oceanos deste planeta.

O NASCIMENTO DOS PLANETAS. Esta fotografia da estrela Beta Pictoris, a 53 anos-luz da Terra, mostra um disco de partículas circundando a estrela. O disco, visto aqui lateralmente, estende-se a mais de 60 bilhões de quilômetros de Beta Pictoris. A estrela em si está oculta por uma máscara circular no centro, que bloqueia o brilho de sua luz, permitindo que a luz relativamente fraca das partículas seja vista.

Esta fotografia confirma a idéia de que um disco de partículas é o primeiro estágio na formação de planetas. A densidade das partículas do anel em torno de Beta Pictoris sugere que ali já pode ter se iniciado a formação de planetas.

UM NÚMERO IMENSO DE SÓIS. Esta fotografia de uma pequena região de nossa galáxia, chamada Nebulosa Norte-Americana, dá-nos uma idéia do número imenso de estrelas e planetas no Universo visível. Cada ponto de luz nessa fotografia é um sol. Segundo os mais recentes dados, muitos desses sóis têm famílias de planetas.

8. Procurando vida

Em determinado momento do primeiro bilhão de anos de existência da Terra, a vida surgiu nas águas que cobriam o planeta. A maneira como essa vida surgiu constitui um dos mistérios supremos do Cosmos.

Sabemos que no início a Terra não tinha vida. Fragmentos de todos os tamanhos, bombardeando o planeta durante o processo de nascimento, aqueceram e fundiram as camadas exteriores. Um oceano de lava cobriu a superfície. Se existia qualquer vida nos pedaços de matéria que formaram a Terra, não há dúvida de que ela foi destruída pelo calor escaldante que caracterizou a criação de nosso planeta.

Lentamente, a superfície liquefeita foi se resfriando e solidificando. Gases que haviam ficado presos no interior da Terra quando ela se formou escaparam para a superfície e criaram a primeira atmosfera. O vapor desprendido da lava esfriou e condensou-se em pequenos lagos de água quente na superfície.

De alguma maneira, a vida surgiu desses pequenos lagos durante os primeiros bilhões de anos. Os cientistas não sabem, ao certo, o que aconteceu; podem apenas conjeturar, baseados no fato de que toda a vida na Terra — animais, plantas e micróbios — é formada pelas mesmas moléculas básicas. Essas moléculas, chamadas aminoácidos e nucleotídeos, são os blocos de construção da matéria viva. Assim como os blocos de um jogo de montar, as moléculas da vida podem ser unidas em diversas combinações para formar uma árvore, um camundongo ou um homem.

Experimentos de laboratório demonstram que os blocos de construção da vida provavelmente formaram-se em grandes números na atmosfera da Terra quando o planeta era jovem. Passando da atmosfera para os oceanos, as moléculas básicas criaram um caldo nutritivo de materiais propícios à vida. Ocorreram colisões entre moléculas imensas nesse caldo, e às vezes duas ou três moléculas pequenas juntavam-se para formar uma maior. Mais colisões ocorriam, e a molécula primitiva continuava a crescer. E, assim, essa sucessão de colisões aleatórias acabou por formar moléculas bem grandes.

Passaram-se milhões de anos, incontáveis colisões ocorreram e, gradualmente, moléculas grandes, de vários tamanhos e formas, foram sendo geradas por essas uniões acidentais. Por fim, nessa grande variedade de moléculas, surgiu um tipo que possuía a capacidade mágica de se dividir e fazer cópias de si mesma: a primeira molécula auto-reprodutora, a molécula-mãe. Suas cópias, as moléculas-filhas, herdaram a característica mágica: elas se dividiam e faziam cópias de si mesmas. Uma molécula convertia-se em duas, duas em quatro, quatro em oito e assim por diante. Em breve, a prole da molécula auto-reprodutora era muito mais numerosa do que qualquer outro tipo de molécula existente nas águas da Terra.

O surgimento de uma molécula capaz de se dividir e de se reproduzir foi o passo fundamental da não-vida para a vida. A célula, sem uma molécula como essa em seu interior, não pode se dividir; sem a divisão celular, um organismo não pode crescer nem produzir descendentes.

A molécula auto-reprodutora foi o início da sucessão de incontáveis gerações que, por meio de mudanças imperceptivelmente pequenas a cada geração, partiu do simples para o complexo — dos micróbios para o homem. Foi o início da maternidade, o início da evolução biológica, o início da vida. Hoje, os descendentes dessas moléculas autoreprodutora estão em todas as partes da Terra; são as moléculas chamadas ADN, presentes no centro de todas as células vivas.

Que provas científicas corroboram essa notável teoria da origem da vida? Muito poucas. Experimentos de laboratório forneceram indícios de como tudo começou: eles criaram os blocos de construção da vida, mas não criaram a vida. A ciência nunca foi capaz de dar vida à matéria inanimada. Tampouco foi capaz de determinar a probabilidade de ocorrência de tal processo. Com que freqüência a natureza conseguiu criar a vida a partir da matéria inanimada? Se a natureza conduzir esse experimento em mil planetas semelhantes à Terra, ela obterá êxito em todos os casos, em alguns ou em quase nenhum? É possível que ela tenha logrado êxito apenas em um e que a humanidade seja o resultado dessa rara ocorrência.

Muitos cientistas julgam que a resposta é clara. Eles consideram a vida uma conseqüência natural das leis da física e da química. Assinalam que a Terra é um planeta como todos os outros, feito de elementos abundantes em todo o Universo, e que os blocos de construção da vida também devem ser abundantes em todos os planetas semelhantes à Terra existentes no Universo. Eles têm certeza de que a vida surgirá onde quer que existam planetas como a Terra — e os indícios sugerem a existência de inúmeros no Universo conhecido.

Como podemos saber se isso é verdade? A criação de vida a partir da matéria inanimada é um experimento fácil ou difícil de ser executado pela natureza? Há muita coisa em jogo na resposta a essa pergunta, pois, se a criação da vida for um experimento fácil para a natureza, muitos planetas do Universo podem ter vida. Mas, se o experimento for difícil e raramente bem-sucedido, nosso fértil planeta é uma rara exceção num Cosmos estéril.

A descoberta de vida em alguma outra parte do nosso Sistema Solar em muito contribuiria para solucionar o problema. A existência de vida em *um* planeta — a Terra — não nos diz nada acerca da probabilidade de existência de vida no Universo, mas a existência de vida em *dois* planetas de um mesmo sistema solar poderia nos dizer praticamente tudo. Pois, se surgiu de maneira independente em dois planetas de um único sistema solar, a vida não pode ser um acidente raro e improvável. Se for encontrada vida em qualquer outro planeta ou satélite de nosso Sistema Solar, então saberemos que ela provavelmente é comum no Universo e que podem existir incontáveis planetas habitados em outras estrelas. Não se pode imaginar uma descoberta científica mais significativa em suas implicações.

Em que parte do Sistema Solar devemos olhar primeiro?

Mercúrio é o planeta mais próximo do Sol, e parece um bom lugar para começarmos. Porém, Mercúrio não é muito promissor como possível berço da vida. É um planeta pequeno e tórrido, pouco maior do que a Lua e semelhante a ela, com montanhas, planícies e oceanos rasos cheios de lava escura. Trata-se de um mundo desolado, alvejado por pedras vindas do espaço, sem ar, sem água e quase que certamente sem vida. O Sol está insuportavelmente próximo e é imenso, uma roda de fogo causticante que se arrasta pelo céu: um dia dura três meses em Mercúrio. Durante as tardes longas e quentes, a temperatura se eleva a 380 graus Celsius. Em sua superfície, o chumbo derreteria. As noites são de um frio cortante; no crepúsculo, o termômetro desce para 140 graus abaixo de zero.

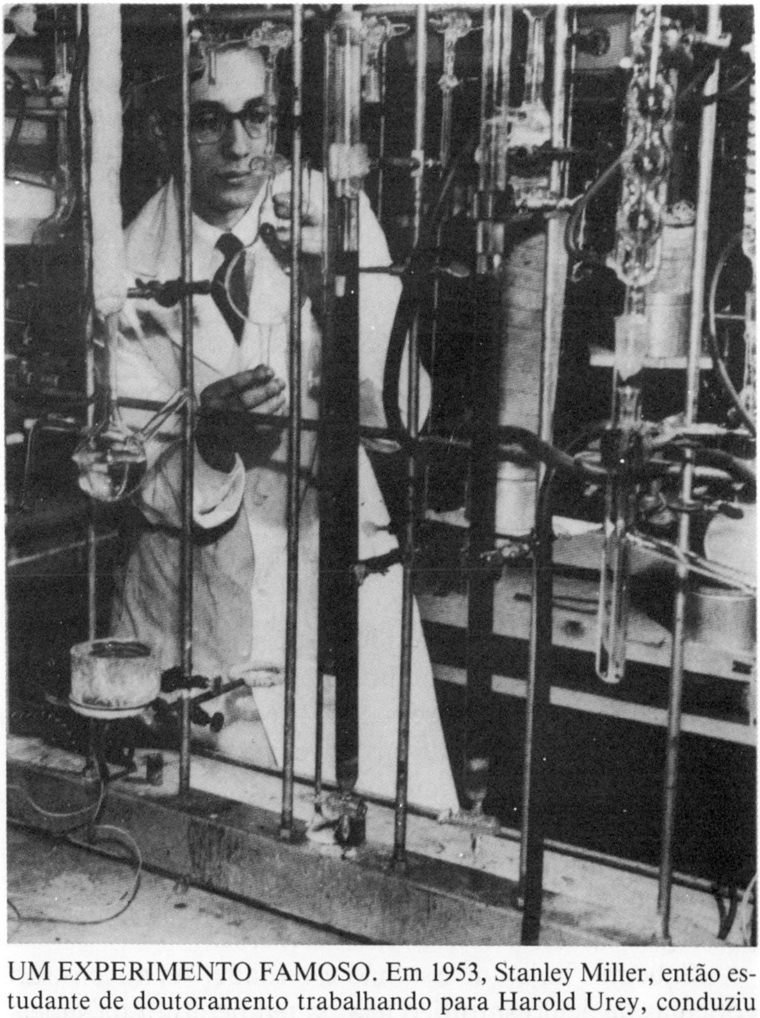

UM EXPERIMENTO FAMOSO. Em 1953, Stanley Miller, então estudante de doutoramento trabalhando para Harold Urey, conduziu por sugestão deste um experimento no qual produziu alguns dos elementos moleculares fundamentais para a vida fazendo passar uma centelha elétrica através de uma mistura de gases. Segundo idéias científicas atuais, a vida pode ter começado na Terra quando esses blocos de construção moleculares foram produzidos dessa forma e depois agrupados por colisões casuais que deram origem aos primeiros organismos auto-reprodutores.

Essas variações extremas de temperatura ocorrem porque Mercúrio não possui oceanos ou atmosfera. Essas tremendas variações de temperatura não ocorrem na Terra porque nossos oceanos e nossa atmosfera armazenam o calor do Sol e o distribuem pela superfície do planeta. Mas a proximidade e o calor intenso do Sol expulsaram de Mercúrio todos os gases atmosféricos e toda a água. Esse planeta deve ser um lugar estéril, desprovido de qualquer forma de vida que possamos imaginar. Mercúrio ofereceria ao visitante humano panoramas desolados e belíssimos, mas provavelmente nunca será visitado pelo homem.

Vênus, o segundo planeta a contar do Sol, já foi considerado um lugar bastante agradável. Ele tem atmosfera, brancas nuvens aveludadas, e deveria ter um clima ameno, semelhante ao clima das ilhas do Caribe, durante o ano todo. Pesadas nuvens ocultam de nosso olhar a superfície de Vênus, mas alguns observadores sempre acalentaram a esperança de que essas nuvens talvez pairassem sobre florestas luxuriantes, uma fauna exótica e, quem sabe, aqueles habitantes venusianos, descritos há mais de cem anos pelo astrônomo francês Fontenelle como "pessoas pequenas e escuras, tostadas do sol, espertas e irrequietas, sempre organizando festas, bailes e torneios..."

Sabemos hoje que isso não é verdade. As nuvens são gotículas de ácido sulfúrico letal, a temperatura na superfície ultrapassa os 450 graus Celsius, o ar é uma manta densa e asfixiante de dióxido de carbono. As brisas que agitam a atmosfera não trazem nenhum alívio; são como o hálito de uma fornalha. A pressão da densa atmosfera é esmagadora — exerce uma força de dez mil toneladas sobre o corpo. Vênus é um inferno. Nenhuma criatura de carne e osso poderia viver naquele lugar.

Essas condições inóspitas causaram grande surpresa aos astrônomos, pois Vênus e a Terra são planetas-irmãos e deveriam ter climas semelhantes. Ambos possuem tamanho e peso mais ou menos idênticos, compõem-se dos mesmos materiais e diferem muito pouco na distância do Sol. Mesmo assim, a Terra é ideal para a evolução da vida tal como a conhecemos, ao passo que Vênus é incrivelmente hostil. Por quê?

A resposta é interessante: por causa de sua atmosfera. Todo planeta recebe calor do Sol, cujos raios são absorvidos pela sua superfície. Se o planeta não tem atmosfera, ele irradia a maior parte do calor de volta para o espaço. Se o planeta tem atmosfera, ela tende a conservar o calor da superfície e impedi-lo de escapar. Conseqüentemente, o planeta torna-se muito mais quente do que se fosse um corpo de pedra desprovido de ar. Esse efeito de aquecimento na atmosfera de um planeta chama-se *efeito estufa*.

A atmosfera da Terra também produz um efeito estufa, mas ele é relativamente pequeno. O efeito estufa gerado pela atmosfera de Vênus é bem maior, pois a atmosfera desse planeta tem uma densidade cem vezes maior do que a da Terra. Além disso, a atmosfera de Vênus é quase inteiramente composta de dióxido de carbono, que tem uma capacidade excepcional de bloquear a fuga de calor da superfície de um planeta. Essa espessa manta isolante de dióxido de carbono explica as temperaturas abrasadoras da superfície de Vênus.

Apesar das condições inóspitas de Vênus, a União Soviética conseguiu colocar diversos conjuntos de instrumentos na superfície do planeta durante as décadas de 1960 e 1970. Esses pousos foram um *tour de force* da exploração planetária. A aparelhagem soviética fez testes químicos e tirou fotografias do solo das vizinhanças. A superfície de Vênus, que jamais fora vista, revelou ser uma paisagem estéril e sombria, com um nível de luz semelhante ao de um forte temporal na Terra. O solo é salpicado de pedras, resultado provável de recentes impactos de meteoritos. Não se avistou nenhum sinal e vida passada ou presente.

Vênus, assim como Mercúrio, talvez nunca seja visitado pelo homem. A nave e sua tripulação teriam de ser protegidas tanto do calor infernal quanto da pressão exercida pela densa atmosfera de dióxido de carbono, que chega aos 400 quilos por centímetro quadrado — o que equivale à pressão no oceano a uma profundidade de mil metros. Vênus pode ser o planeta-irmão da Terra, mas não é o lugar ideal para a colonização humana, ou mesmo para uma breve estada.

Para além de Vênus e da Terra, encontra-se Marte, o planeta vermelho.

As condições em Marte são bem menos hostis à vida do que em Vênus, embora não tão confortáveis quanto na Terra. Durante a maior parte do ano marciano, o clima é extremamente frio e seco; assemelha-se ao clima do deserto antártico, mas é ainda mais rigoroso. A atmosfera, bastante rarefeita, exerce uma pressão idêntica à encontrada na Terra a uma atitude de 30 mil metros. O ar de Marte é formado principalmente por dióxido de carbono, tal como em Vênus. Contudo, a manta de dióxido de carbono nesse planeta não é densa o suficiente para produzir um efeito estufa.

Na procura de vida extraterrestre, Marte é o mais importante dos nossos vizinhos porque, embora esteja seco hoje, o planeta, ao que tudo indica, já teve água em abundância. A água é o elemento essencial para o surgimento de vida a partir de matéria inanimada. Ela proporciona um meio fluido no qual os fundamentos moleculares da vida podem colidir sucessivamente e efetuar as reações químicas que constituem o processo contínuo que chamamos vida. As moléculas fundamentais podem existir em abundância num planeta, mas, a menos que estejam dissolvidas na água, onde podem colidir repetidamente, a vida não surgirá.

Por que os cientistas planetários acreditam que Marte teve água em abundância no passado? Eles tomam como base as condições do Sistema Solar quando o Sol e os planetas começaram a se condensar a partir da nuvem-mãe. Pelo que sabemos, a nuvem-mãe continha uma considerável quantidade de água, visto que os componentes da substância — o hidrogênio e o oxigênio — são relativamente abundantes em todo o Universo e provavelmente estavam presentes também na nuvem-mãe. À medida que esta esfriou, o vapor de água deve ter-se condensado e formado grãos de gelo que foram tragados pelos corpos em formação da Terra, de Marte e dos demais planetas.

De início, a água ficou presa no interior da cada planeta, mas depois escapou para a superfície. Os geólogos acreditam que quase toda a água dos oceanos da Terra veio do interior de nosso planeta dessa maneira, subindo na forma de bolhas de vapor de água através da pedra derretida. Fotografias tiradas a curta distância por espaçonaves da NASA revelam que Marte também possui vulcões — imensos montes de lava congelada, alguns maiores do que qualquer vulcão da Terra. Hoje os vulcões marcianos encontram-se extintos, mas foram ativos no passado, cuspindo vapor de água e outros gases na atmosfera do planeta tal como aconteceu na Terra. Naqueles primeiros tempos Marte pode ter tido quase tanta água quanto a Terra.

Outras fotografias da NASA mostram claramente que

de fato existiu uma enorme quantidade de água em Marte quando o planeta era mais novo. Canais que parecem antigos leitos de rios, alguns contendo ilhas e afluentes, constituem sinais inequívocos de que outrora torrentes de água corriam pela superfície de Marte. Geólogos, estudando milhares de fotografias tiradas a partir de espaçonaves da NASA, em órbita ao redor de Marte, concluíram que ali já existiu água suficiente para cobrir o planeta inteiro com um mar raso de trinta metros de profundidade.

As condições atuais impedem o surgimento de água em estado líquido na superfície de Marte. Hoje, toda a água da superfície marciana acha-se em estado sólido, nos pólos ou congelada no subsolo. Como a atmosfera de marte é muito rarefeita, quando a temperatura se eleva, o gelo evapora ao invés de derreter e formar uma poça na superfície.

Apesar de tudo, há indícios de que Marte apresentava condições mais amenas quando era novo, com um clima mais quente e uma atmosfera provavelmente mais densa. Assim, o gelo presente na superfície derretia ao invés de evaporar, formando rios, lagos e mares. No passado, Marte pode ter sido quente e úmido.

Qualquer vida marciana que tenha surgido durante esses períodos de umidade e calor pode ter-se adaptado, através do lento processo de seleção natural descrito por Darwin, às condições mais rigorosas que viriam a prevalecer no planeta. Os cientistas americanos são unânimes ao afirmar que não há vida em Marte, mas, antes de pousarmos no planeta, ninguém pode ter certeza. É possível que os descendentes dos primeiros organismos de Marte ainda sobrevivam.

Se existir vida no planeta vermelho, ela provavelmente não é tão evoluída quanto a vida na Terra. As condições de extraordinária aridez que se desenvolveram em Marte devem ter reduzido o ritmo da evolução e por certo não permitiram a progressão de formas simples para formas complexas e, finalmente, inteligência ocorrida na Terra. Que tipo de vida teria surgido em Marte antes da desaceleração do ritmo evolutivo? A história da Terra oferece uma pista para a resposta. Marte pode ter passado a sofrer os rigores de seu clima atual há bilhões de anos. Naquele tempo, as formas de vida mais avançadas na Terra eram bactérias e plantas unicelulares. Se a evolução seguiu um curso paralelo em ambos os planetas, bactérias e plantas simples — ou seus restos fossilizados — podem ser os mais avançados sinais de vida que podemos esperar descobrir em Marte.

Mas a descoberta de qualquer espécie de organismo marciano — mesmo primitivo como as bactérias — seria de imenso interesse. A existência dessas formas de vida poderia nos dar a certeza de que a natureza conduziu experimentos independentes de criação de vida a partir de matéria inanimada em dois planetas, e que obteve sucesso em ambos. Isso sugeriria, por sua vez, que a criação da vida a partir da matéria inanimada não é uma tarefa excessivamente difícil para a natureza, mas sim algo possível em qualquer parte do Universo que apresente circunstâncias favoráveis.

MERCÚRIO (*na outra página*). Uma visão bem próxima da superfície estéril do planeta Mercúrio, cheia de crateras e semelhante à da Lua, fotografada de uma espaçonave da NASA.

OS DESERTOS DE MARTE. Esta cena árida, fotografada da espaçonave Viking pousada na superfície de Marte, é típica de muitas paisagens marcianas. Hoje Marte é extraordinariamente seco, sem água em estado líquido na superfície e com apenas vestígios de vapor d'água na atmosfera. Além disso, o planeta é bastante frio durante a maior parte do ano e na maioria das latitudes, com uma temperatura média global de 18 graus Celsius abaixo de zero. Entretanto, há vários indícios de que o planeta já foi mais quente e úmido no passado e, talvez, bastante propício à vida.

INDÍCIOS DE UM CLIMA MAIS ÚMIDO EM MARTE. Muitos lugares em Marte apresentam indícios de erosão provocada no passado por grandes quantidades de água. Os canais entrecruzados que apa-

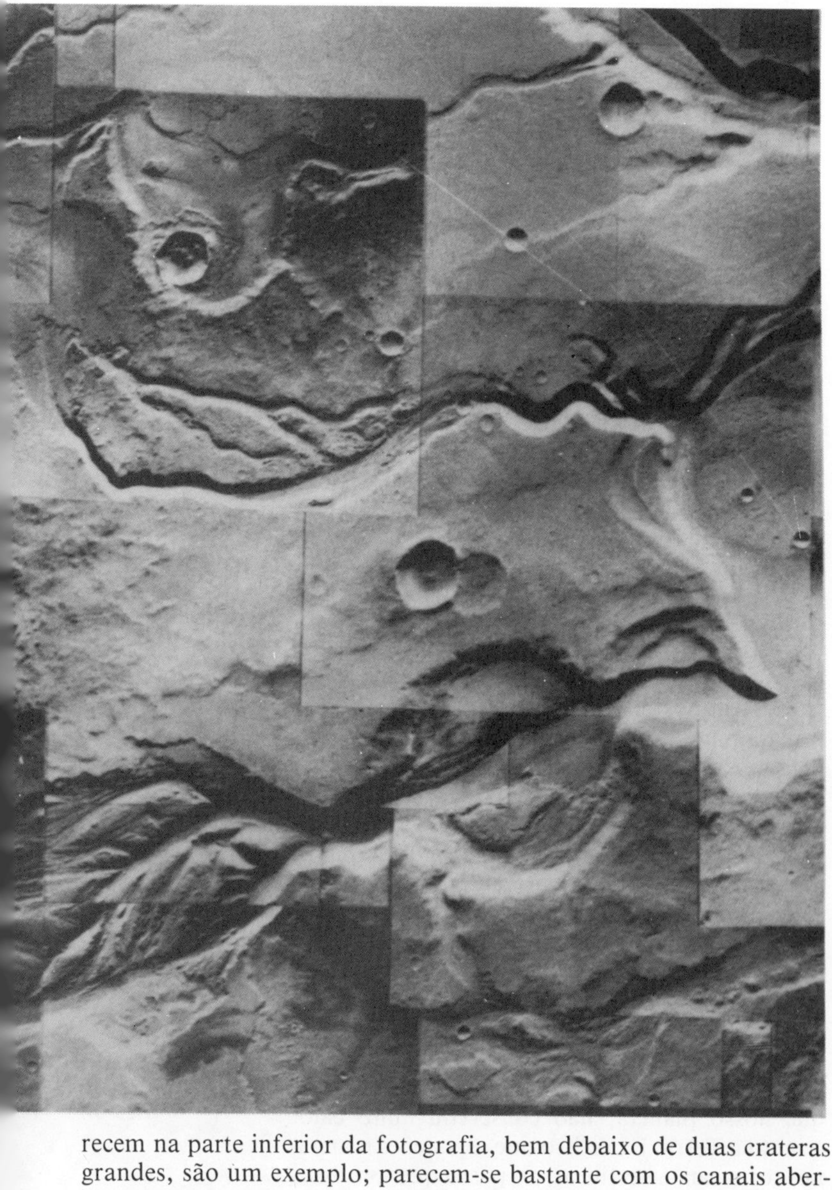

recem na parte inferior da fotografia, bem debaixo de duas crateras grandes, são um exemplo; parecem-se bastante com os canais abertos na Terra por rios que fluem lentamente sobre terreno plano.

VULCÕES: ANTIGAS FONTES DE ÁGUA EM MARTE. Marte possui muitos vulcões extintos. O maior vulcão marciano — e o maior do Sistema Solar — é o Monte Olimpo, uma enorme montanha de lava congelada com 21 mil metros de altura e 480 quilômetros de diâmetro na base.

Na Terra, acredita-se que a erupção de gases de vulcões seja a fonte da água dos oceanos e dos gases da atmosfera. A água e os gases, que se acumularam no interior da Terra quando nosso planeta se formou, vieram à superfície na forma de bolhas de vapor juntamente com a rocha liquefeita de erupções vulcânicas. A presença de muitos vulcões grandes em Marte indica que o planeta também pode ter tido grandes quantidades de água. A fonte de água desapareceu quando os vulcões se tornaram extintos.

O tamanho de um planeta determina se ele será vulcanicamente ativo e se terá oceanos e atmosfera. Planetas com as dimensões da Terra retêm o calor interno e permanecem vulcanicamente ativos por um longo tempo. Marte, menor do que nosso planeta, não conservou tanto calor quanto a Terra. É por isso que os vulcões marcianos tornaram-se extintos, ao passo que os nossos continuam ativos.

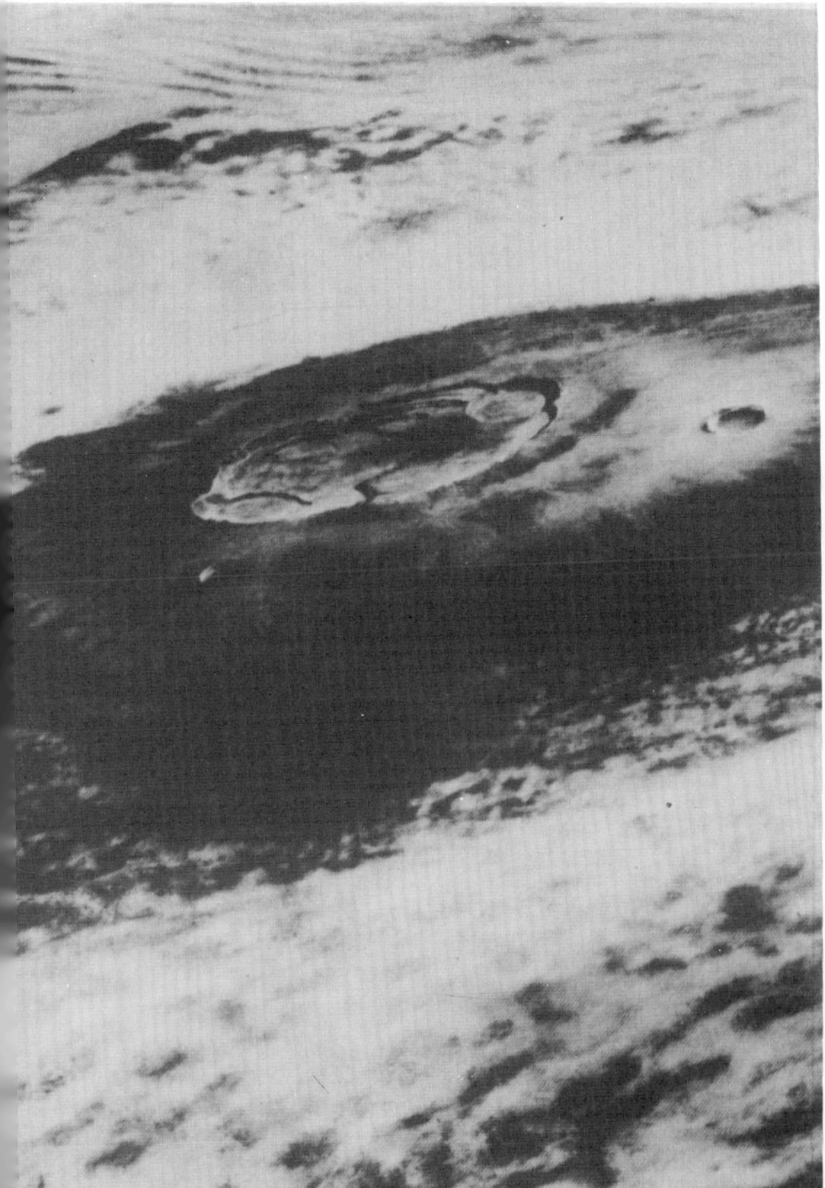

9. *Missão para Marte*

Um objeto semelhante a uma aranha desceu nas planícies marcianas no verão de 1976. No céu circulava a nave-mãe, um satélite artificial de Marte criado na Terra. Depois do pouso, o autômato verificou seus sinais vitais e deu início às tarefas que o haviam levado ao planeta vermelho[1].

O autômato perscrutou o cenário desértico. Depois desenrolou uma longa tromba, colheu um punhado de terra avermelhada, colocou-a na boca e começou a digeri-la, procurando sinais de vida em Marte.

As informações enviadas para a Terra pelo autômato geraram uma polêmica que, passando o furor inicial, ainda hoje rende discussões. Teria o autômato encontrado indícios de vida em Marte? Um dos experimentos parecia dizer que sim. Nesse experimento, o autômato examinou o solo em busca de micróbios marcianos, uma forma de vida simples, mas cuja presença daria uma resposta afirmativa à pergunta: o surgimento de vida no Cosmos é provável a ponto de ter ocorrido separadamente em dois planetas de um único sistema solar?

Como o autômato examinou a terra marciana em busca de micróbios? Da seguinte maneira: misturando à terra uma solução com alimentos destinados a agradar ao apetite dos micróbios. Tais elementos, porém, continham uma

---

1. A NASA deu à viagem a Marte o nome de Projeto Viking. O autômato é conhecido oficialmente como *Viking Lander*.

pequena quantidade de substância radioativa, especialmente carbono radioativo.

Se existissem micróbios no solo de marte, eles ingeririam o alimento e em seguida excretariam parte da radioatividade na forma de dióxido de carbono radioativo. Então, se detectores sensíveis à radioatividade constatassem a liberação de dióxido de carbono radioativo no solo do planeta vermelho, ficaria confirmada a existência de micróbios.

Aparentemente, o experimento conseguiu êxito total. De fato, o solo marciano liberou dióxido de carbono radioativo, tal como ocorre quando o experimento é feito na Terra com solo que abriga micróbios.

Em seguida, com o solo marciano aquecido a uma temperatura superior ao ponto de ebulição da água, realizou-se novamente o experimento. Se o solo realmente contivesse micróbios, estes seriam destruídos pelo calor e a radioatividade desapareceria. Conforme o esperado, a radioatividade desapareceu, aumentando a certeza dos experimentadores de que realmente haviam detectado micróbios em Marte.

Mas houve cientistas que discordaram. Eles chamaram atenção para um outro experimento realizado pelo autômato, que demonstrava com igual clareza a inexistência de vida em Marte.

O segundo experimento, ao invés de procurar vida diretamente, buscava os componentes moleculares da vida, conhecidos entre os químicos e os biólogos como moléculas orgânicas. Se existisse vida em Marte, e se, mesmo remotamente, ela se assemelhasse à vida na Terra, ela seria constituída por essas moléculas orgânicas. Mesmo que o solo contivesse somente os restos de organismos mortos e decompostos, ainda assim o teste revelaria a sua presença.

Os resultados do experimento que procurava moléculas orgânicas não deixaram dúvidas: tais moléculas — os elementos constitutivos da vida — não existiam em Marte.

Sem eles, como poderia existir vida? Parecia evidente que o experimento que buscava dióxido de carbono radioativo enganara os cientistas. Eles deviam ter detectado uma reação química desconhecida, não micróbios.

Mas as reações químicas geralmente não são tão sensíveis ao calor. Se o teste de micróbios estava avaliando uma reação química ao invés de vida, por que a radioatividade desapareceu quando a terra de marte foi aquecida?

Realizaram-se outros testes, que aparentemente corroboravam a teoria dos micróbios marcianos. Mas os cientistas que se opunham à idéia de vida em marte questionaram: "Se há vida naquele planeta, onde estão os corpos mortos? Onde estão as moléculas orgânicas?" Para a NASA, esse argumento era muito forte. A conclusão oficial foi a de que ninguém podia ter certeza quanto à questão, visto que os métodos empregados na procura de vida haviam sido indiretos, mas tudo levava a crer que não havia vida em Marte.

Alguns cientistas americanos e soviéticos discordaram. Os cientistas soviéticos ressaltaram que se existir vida em Marte ela não está na superfície do planeta, onde a *Viking* tentou encontrá-la, mas sim a grande profundidade, nos limites da camada de solo congelado, onde talvez exista água em estado líquido. Com isso em mente, os cientistas soviéticos pretendem perfurar o solo marciano até uma profundidade de pelo menos dez metros, quando forem procurar vida em Marte. Até lá, disse um cientista soviético, "os resultados obtidos pela *Viking* não podem ser considerados definitivos".

Em anos recentes, a União Soviética deixou de se preocupar com Vênus e passou a demonstrar um enorme interesse por todos os aspectos da exploração de Marte. O surpreendente é que os soviéticos pretendem pousar primeiro em Fobos, um dos satélites de Marte, e não no próprio planeta[2]. A razão disso é extraordinária: Fobos talvez seja constituído por vinte por cento de água!

É difícil encontrar água no espaço. Não é tanto como bebida que a água é necessária, pois numa missão tripulada a água pode ser reciclada e purificada até tornar-se potável. A água é importante no espaço sobretudo por proporcionar um poderoso combustível para foguetes. É claro que a água não entra em combustão no motor de um foguete. Acontece, porém, que ela é um composto de hidrogênio e oxigênio e se for decomposta nesses dois gases, e se em seguida os gases forem resfriados e liquefeitos, o hidrogênio e o oxigênio em estado líquido constituirão uma excelente combinação para foguetes — um dos melhores combustíveis para foguetes que conhecemos.

É necessária uma quantidade considerável de energia para partir as moléculas da água e obter o hidrogênio e o oxigênio separados. No entanto, a energia pode ser fornecida por um pequeno reator nuclear. O reator nuclear pode ser transportado até Fobos num dos primeiros vôos para aquele satélite. Uma vez instalado na superfície de Fobos, ele funcionará por longo tempo sem combustível extra.

Após serem produzidos, o hidrogênio e o oxigênio devem ser resfriados e condensados. (Se fossem conservados na forma de gás, ocupariam um volume excessivo que dificultaria o transporte em foguete.) Mas o reator nuclear

---

2. Os nomes dos dois pequenos satélites de Marte, Fobos e Deimos, foram tirados dos cavalos que puxavam o carro do deus da guerra.

que decompõe a água em hidrogênio e oxigênio pode também fornecer a eletricidade necessária para refrigerar os gases de hidrogênio e oxigênio até eles se tornarem líquidos.

Seria muito vantajoso para os exploradores de Marte poder obter o combustível para a viagem de volta — produzido a partir de água da maneira exposta acima — naquele planeta, ao invés de transportar o combustível da Terra. Uma astronave que levasse daqui o combustível necessário para a viagem de retorno ficaria muito mais pesada. A nave, além de carregar o combustível que seria queimado na volta, teria de levar também combustível extra para propelir a carga de combustível e atingir a velocidade normal de um foguete ao partir da Terra. Assim, numa viagem de ida e volta a Marte sem reabastecimento, o peso da nave, dos suprimentos e do combustível poderia alcançar vários milhares de toneladas. Visto que erguer todo esse peso da superfície da Terra seria extremamente dispendioso, reabastecer em Fobos poderia reduzir o peso de uma missão tripulada para marte em metade ou dois terços, tornando a viagem menos onerosa.

Mas não seria possível obter em Marte a água e o combustível de foguete produzido a partir dela? Afinal, acredita-se que Marte também possui uma quantidade considerável de água congelada sob a superfície. A desvantagem desse plano é a dificuldade de pousar em Marte e de carregar o combustível, dada a gravidade do planeta. Quando se aproximasse de Marte, a nave teria de consumir muito combustível para resistir à atração da gravidade marciana, reduzir a velocidade e entrar em órbita ao redor do planeta ao invés de ultrapassá-lo. Além disso, depois que a nave principal estivesse em órbita ao redor de Marte, a nave menor — aquela que de fato desceria no planeta — gastaria mais combustível para fazer um pouso "suave", sem se despedaçar contra a superfície do planeta. Então, depois de apanhar um suprimento de combustível em Marte, ela teria de consumir mais combustível para decolar, pois novamente teria de enfrentar a gravidade do planeta. Na verdade, o combustível gasto no pouso e na decolagem anularia boa parte do ganho obtido com a produção do combustível em Marte.

Em Fobos, porém, seria muito mais fácil obter água e combustível. A nave principal teria de gastar um pouco de combustível para reduzir a velocidade quando se aproximasse de Marte e seus satélites, caso contrário, seguiria em frente e rumaria para o espaço. Mas, uma vez que diminuísse a velocidade e contornasse tal risco, o passo seguinte — o pouso propriamente dito em Fobos — seria simples. Por ser um satélite minúsculo — 24 km em seu diâmetro maior, o tamanho aproximado da ilha de Manhattan —, Fobos tem uma gravidade tão fraca que a espaçonave não teria de consumir muito combustível para reduzir a velocidade e fazer um pouso suave; ela simplesmente pairaria sobre a superfície e desceria lentamente. Também por conta dessa gravidade fraca, o foguete não necessitaria de muita potência para decolar depois de apanhar combustível e água. A mera força humana bastaria; uma pessoa que ganhasse impulso e desse um bom salto deixaria a superfície do satélite e se projetaria no espaço.

O melhor procedimento para os exploradores de Marte seria fazer uma escala em Fobos antes de rumar para o planeta; dessa maneira, obteriam o combustível necessário para o pouso em Marte. Na mesma escala eles poderiam obter o combustível requerido para decolar de Marte, uma vez completada a exploração e voltar para Fobos. Nessa segunda passagem pelo satélite, eles reabasteceriam o foguete para a viagem de volta e a descida na Terra.

Fobos tem uma importância extraordinária para o explorador do Sistema Solar. Ele pode ser uma fonte de combustível e água, não apenas para a exploração de Marte, mas até mesmo para um posto científico avançado instalado em nossa Lua. De fato, poderíamos levar água de Fobos para a Lua utilizando menos combustível e com um custo menor do que se transportássemos essa água para a Lua diretamente da Terra.

Em princípio isso pode parecer surpreendente, pois a distância entre nosso planeta e Fobos é centenas de vezes maior do que a distância entre a Terra e a Lua. Entretanto, uma nave de carga levando água da Terra para a Lua teria de consumir uma enorme quantidade de combustível para vencer a poderosa força da gravidade da Terra, ao passo que uma nave de carga partindo com água de Fobos para a Lua não teria de gastar combustível para livrar-se da gravidade do satélite. A nave ainda teria de enfrentar a gravidade de Marte, mas esta exerce uma força que não chega à metade da força gravitacional da Terra.

Essas interessantes possibilidades baseiam-se na pressuposição de que Fobos realmente contém uma grande quantidade de água. Os cientistas planetários crêem nisso, pois em alguns aspectos importantes Fobos assemelha-se a certos tipos de meteorito chamados *condritos carbonáceos* — pedaços de matéria planetária oriunda do cinturão de asteróides — que chegam a ter vinte por cento de água em sua composição. Um outro indício da existência de água em Fobos é um conjunto de sulcos em sua superfície que aparentam ter servido para o escape de vapor após uma colisão do satélite com um asteróide.

Visitar Fobos é uma das prioridades nas futuras missões para Marte planejadas pelos Estados Unidos e pela União Soviética. Enquanto isso, a União Soviética tem planos concretos para efetuar uma série de visitas ao planeta vermelho, a se iniciarem em meados da década de 1990, quando uma astronave soviética entrará em órbita ao redor de Marte. Esse satélite artificial de Marte fará o reconhecimento do planeta durante a sua órbita. Além disso, soltará um grande balão na atmosfera de Marte. Inflado com hélio, o balão flutuará no ar rarefeito do planeta, elevando-se a uma altura de aproximadamente cinco quilômetros durante o dia e locomovendo-se com a circulação dos ventos. O balão carregará um recipiente flexível e comprido, de aproximadamente três metros de comprimento por quinze centímetros de largura, contendo instrumentos, inclusive uma câmera fotográfica e equipamentos para detectar água e analisar a composição química do solo.

Com o crepúsculo e a conseqüente queda da temperatura, o balão descerá, depositando no chão a sua carga de instrumentos científicos. Quando os raios do sol matinal atingirem o balão, o gás em seu interior irá se expandir e o balão ganhará altura, percorrendo talvez uns quinhentos quilômetros antes de descer novamente e pousar para passar a noite[3].

Decorridos alguns anos, os soviéticos pretendem depositar em Marte um pequeno automóvel não tripulado que percorrerá a esmo a superfície do planeta. O veículo provavelmente terá seis rodas, com pneus desproporcionalmente grandes para poder circular sem problemas pelo terreno acidentado de Marte. Ele será guiado por um cérebro eletrônico instruído de antemão sobre a natureza dos perigos

3. Na verdade, são dois balões, um cheio de hélio e lacrado, o outro aberto para a atmosfera de Marte. O balão aberto é preto e absorve o calor do Sol, obtendo assim a força ascensional extra que torna possível a decolagem dos dois balões durante o dia.

que provavelmente encontrará pelo caminho e sobre os melhores estratagemas para vencê-los. Entre esses formidáveis riscos estão um terreno coalhado de pedras e dunas gigantescas. Se o pequeno explorador mecânico superar esses desafios, os soviéticos colocarão em Marte um veículo bem maior, capaz de viajar centenas de quilômetros. O segundo automóvel deverá pesar cerca de 680 quilos — mais ou menos o peso de um carro pequeno. Ele também será um autômato, movimentando-se e desempenhando suas tarefas científicas sob o controle de um cérebro eletrônico.

No entanto, o cérebro do veículo grande terá a seu encargo uma responsabilidade nova e da maior importância: pela primeira vez, ele tentará recolher amostras do solo marciano em locais amplamente distantes entre si e enviá-los para a Terra, onde serão analisados. Essa façanha incrivelmente difícil, se realizada, será um divisor de águas na história da exploração marciana, pois só então, finalmente, poderá ser resolvida a questão da vida no planeta vermelho.

Enquanto isso, os Estados Unidos e a União Soviética estarão preparando viagens tripuladas para Marte. A exploração de Marte por astronautas pode começar com um vôo em torno do planeta, sem pouso, e a volta à Terra. Isso servirá para testar a confiabilidade da astronave na longa jornada interplanetária antes que os viajantes espaciais tenham de lidar com as complexidades adicionais acarretadas pelo pouso no planeta. Os Estados Unidos precaveram-se seguindo esse plano de duas etapas para realizar um pouso na Lua.

Se bem-sucedido, o vôo pioneiro em torno de Marte pode ser acompanhado de um pouso — o primeiro desembarque de homens e mulheres em outro planeta — nas décadas iniciais do século XXI. Contudo, os integrantes de tal missão teriam de ficar longe da Terra talvez durante dois anos. Vôos espaciais tripulados de duração tão longa apresentam problemas para a sobrevivência humana que se podem revelar insolúveis.

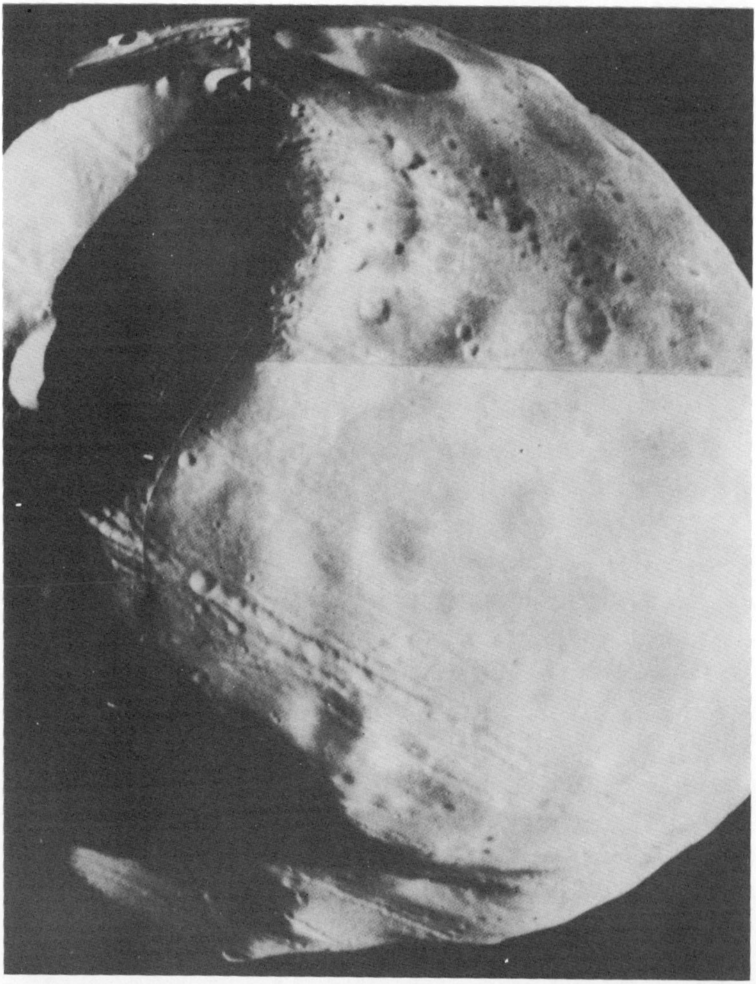

FOBOS. Esta fotografia (*acima*) mostra o satélite de Marte, Fobos, visto da espaçonave *Viking* em 1977 a uma distância de 600 quilômetros. Trata-se de um satélite pequeno, medindo aproximadamente 19 por 25 quilômetros, e provavelmente foi capturado ao cinturão de asteróides, situado nas proximidades. Fobos é constituído de material de baixa densidade, semelhante ao material de um meteorito chamado *condrito carbonáceo*, que pode conter até vinte por cento de água. Se também contiver água em abundância, Fobos será um oásis no deserto espacial, de valor inestimável para as futuras missões rumo a Marte e outros planetas.

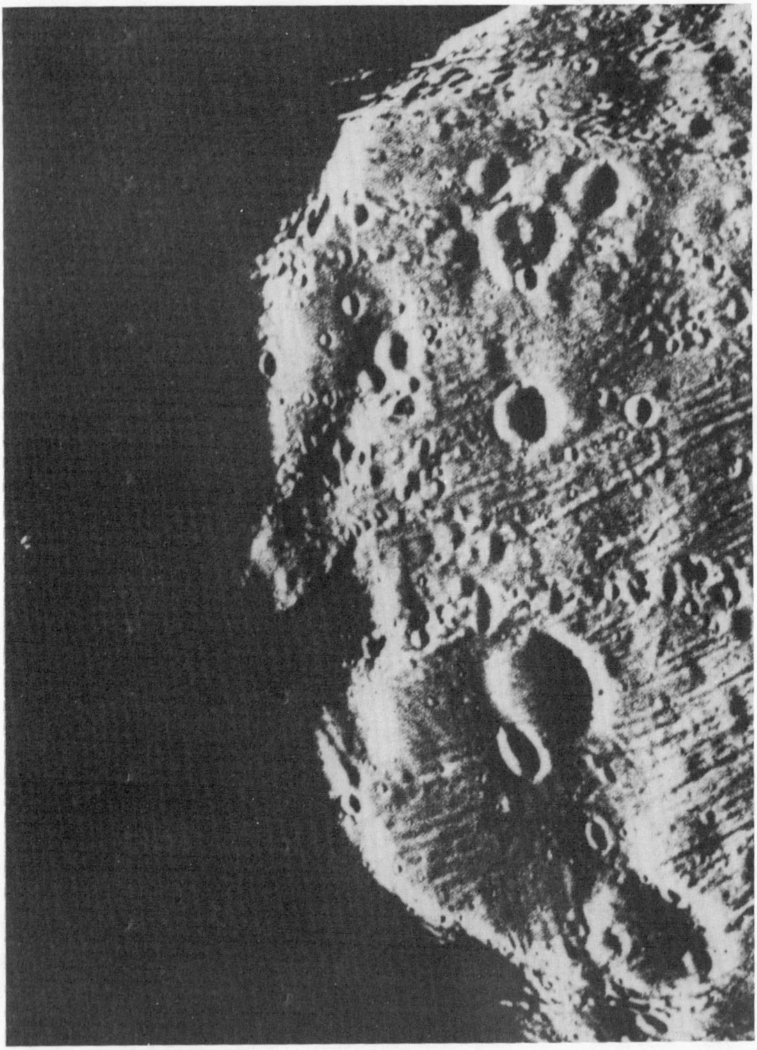

Uma visão mais próxima — 320 quilômetros — de Fobos revela numerosos e misteriosos sulcos (*acima*). Talvez sejam fraturas causadas pelo impacto de grandes asteróides contra o satélite. Podem ainda ter sido produzidos pela proximidade entre Marte e Fobos. A gravidade de Marte, que atrai o lado mais próximo do satélite com uma força maior do que o faz com o lado mais distante, talvez esteja provocando rupturas em Fobos. No futuro, Fobos pode colidir com Marte, ou então a gravidade do planeta pode despedaçá-lo, e seus fragmentos passarão a orbitar em torno de Marte como os anéis de Saturno.

10. *A experiência marciana*

Há muitos anos participei de uma pequena reunião no centro de pesquisa da NASA na ilha Wallops, no Estado da Virgínia. Esse encontro, onde vários cientistas expuseram sua visões do futuro, contou com a presença de Neil Armstrong, o primeiro homem a andar na Lua, Homer Newell, meu mentor na NASA, e alguns famosos estudiosos do futuro, como Arthur C. Clarke e Wernher von Braun.

Hoje, transcorrido um longo tempo, ainda me lembro do espanto causado pelo dr. von Braun quando ele sugeriu que uma colônia lunar poderia obter oxigênio esmigalhando pedras de nosso satélite natural. A idéia, da qual eu nunca ouvira falar, pareceu-me uma proposta bastante audaciosa.

As pedras, naturalmente, contêm grande quantidade de oxigênio, o qual é responsável por aproximadamente metade do seu peso. Na verdade, o oxigênio da Lua é responsável por metade da sua massa. O oxigênio das pedras, porém, não é imediatamente respirável, pois está firmemente ligado aos outros elementos também contidos nas pedras. Segundo von Braun, seria possível esmigalhar as pedras lunares e, aquecendo o pó resultante e rompendo as ligações químicas, extrair dele o oxigênio. Mesmo assim, obter oxigênio de pedras parecia quase um milagre — tal como Moisés golpeando uma pedra no deserto para conseguir água e saciar a sede dos israelitas.

Prosseguindo na exposição da idéia, von Braun afirmou que, obtido o oxigênio, poderíamos combiná-lo com hidrogênio líquido da Terra e produzir água. A maior parte do peso da água está nos átomos de oxigênio que ela contém; em meio quilo de água, por exemplo, os átomos de hidrogênio pesam pouco mais de cem gramas, e os átomos de oxigênio respondem pelo restante. Transportar material da Terra para a Lua sai caro — cerca de 100 mil dólares por quilo —, mas, no caso de podermos levar somente os átomos de hidrogênio, relativamente leves, teríamos uma maneira barata de produzir água para a colônia lunar.

Von Braun falou também sobre a exploração de Marte. Os cientistas da NASA e de outras organizações vêm estudando cuidadosamente esse asssunto, e suas conclusões não são muito diferentes da proposta de von Braun. De acordo com um dos planos, a viagem será empreendida por duas naves em sistema de cooperação.

Cada uma das naves tem uma tripulação de seis homens e mulheres, sendo um deles médico. Ambas contêm provisões para doze pessoas; no caso de uma ficar inutilizada, a tripulação poderá se transferir para a outra e voltar em segurança para a Terra.

Cada nave tem 70 metros de comprimento e cerca de 550 toneladas, das quais mais de dois-terços correspondem ao combustível. Todo o combustível necessário para a viagem de ida e volta será levado da Terra. Posteriormente, quando forem instalados em Fobos os equipamentos para a sua produção, isso não será necessário. Neste vôo pioneiro, a tripulação não poderá contar com nenhuma comodidade quando chegar ao seu destino.

As naves foram montadas em órbita na estação espacial, no ano anterior ao vôo, a partir de unidades com cerca de 65 toneladas transportadas uma a uma por enormes foguetes. Cada uma das naves de Marte supera consideravelmente em tamanho a própria estação espacial.

Participantes e funcionários ouvem Wernher von Braun na conferência da NASA sobre o futuro do espaço. O cientista explica como poderiam ser colocadas em prática missões tripuladas a Marte.

Na semana anterior as naves foram abastecidas com hidrogênio e oxigênio líquidos e ficaram em órbita, aguardando o lançamento. Seus motores entram em funcionamento num rugido infernal. Jatos de gás quente, esguichado dos motores a uma velocidade de 8.500 metros por segundo, impulsionam as naves para a frente. A viagem de nove meses para Marte tem início.

Passados três dias, a tripulação volta o olhar para a Terra, agora a uma distância de quase vinte milhões de quilômetros. Nosso planeta assemelha-se a uma jóia, uma pedrinha azul com toques de verde e dourado. As espaçonaves voam em formação fechada, e suas tripulações estão totalmente ocupadas com os sistemas de verificação dos veículos espaciais. Então, com tudo sob controle, os comandantes dão início a uma manobra vital para o êxito da missão: colocar frente a frente a popa de ambas as naves e ligá-las com uma corrente de 200 metros, de maneira a formar uma única nave, com aproximadamente 350 metros de comprimento.

Lentamente, os veículos se aproximam, procurando encaixar os adaptadores. Depois de se atracarem, são conectadas as duas pontas da corrente. As naves retrocedem cuidadosamente, e a corrente se desenrola até que os alojamentos da tripulação, localizados nas extremidades das naves, ficam a 350 metros um do outro.

A operação foi bem-sucedida. Pequenos foguetes, em ângulo reto com o eixo da estranha nave, começam a girar lentamente, a duas rotações por minuto. Os astronautas, nas extremidades da estrutura de 350 metros, sentem uma força centrífuga que os empurra para trás, pressionando-os contra as paredes externas da cabine. Um momento antes, estavam em gravidade zero. Agora, sentem a força de uma gravidade artificial.

A força é reconfortante; ela mantém as vísceras da tripulação no lugar. O mais importante, porém, é que ela impede a vertigem — uma tontura extrema e incapacitante, acompanhada de náusea —, bem como uma grave deterioração dos ossos e músculos iniciada assim que o corpo perde o peso.

Nos primeiros dias da viagem, quando as naves ainda voavam em gravidade zero, as duas tripulações foram afligidas pela tontura e pela náusea. O ouvido interno foi a causa principal do problema. O ouvido interno contém pequenas partículas de cálcio, suspensas num fluido. Essas partículas de cálcio exercem pressão contra as sensíveis células pilosas do interior do ouvido que por sua vez estão ligadas ao cérebro. Sempre que o corpo muda de posição, as partículas pressionam células pilosas diferentes, que enviam uma mensagem ao cérebro indicando o que o corpo está fazendo — de que maneira ele está se mexendo.

Normalmente, quando a pessoa se acha na Terra, o tipo de pressão exercido sobre as células pilosas por essas partículas nas diversas posições do corpo é controlado com exatidão pela força da gravidade. Os circuitos do cérebro que interpretam as mensagens das células pilosas são capazes de extrair conclusões corretas a respeito do que o corpo está fazendo quando a gravidade é a força controladora.

Porém, na ausência de gravidade, as partículas exercem pressão sobre células pilosas diferentes, que enviam mensagens espúrias ao cérebro, que passa a ser incapaz de fornecer um quadro acurado dos movimentos corporais. Esses sinais do ouvido interno podem conflitar com as outras mensagens que o cérebro recebe dos sentidos. Por exemplo, quando a cabeça é virada ou abaixada, os olhos informam ao cérebro exatamente como a cabeça se mexeu; mas se a pessoa está em gravidade zero o cérebro recebe das células pilosas de ouvido interno uma mensagem diferente e conflitante. O cérebro, cujos circuitos evoluíram há muito tempo em resposta às necessidades de um animal que vive na superfície da Terra, não consegue compreender essas informações contraditórias. O resultado é a vertigem — uma tontura e uma náusea debilitantes.

A deterioração do corpo causada pela ausência de peso é bem mais grave do que a vertigem. De fato, ela chega a ser letal. Em primeiro lugar, o cálcio dos ossos se dissolve durante uma permanência muito longa no espaço, e o esqueleto torna-se poroso e quebradiço. A experiência dos astronautas americanos e soviéticos sugere que trinta por cento do material dos ossos da tripulação pode desaparecer durante uma viagem de ida e volta para Marte em gravidade zero, deixando seus esqueletos num estado perigosamente frágil.

Os ossos que sustentam o peso do corpo — pernas, tornozelos, artelhos e coluna vertebral — são os mais afetados. A fragilidade dos ossos é menos grave durante o vôo espacial propriamente dito, pois os membros da tripulação estão sem peso, e os ossos são submetidos a um esforço menor do que o normal. Os maiores problemas surgem quando a nave retorna à Terra. Então, assim que os membros da tripulação saem da nave e seus corpos recebem mais uma vez toda a força da gravidade da Terra, a conseqüência pode ser uma espinha quebrada e uma paralisia. Embora o dano causado aos ossos possa ser reduzido com exercícios vigorosos, a experiência soviética com permanências longas no espaço sugere que os efeitos não são totalmente eliminados.

O cálcio que se dissolve dos ossos cria um outro grande problema médico para a tripulação de Marte. Ao entrar na corrente sanguínea, o cálcio é filtrado pelos rins. Entretanto, a passagem contínua do excesso de cálcio pelos rins pode produzir cálculos renais — um mal doloroso, que possivelmente exigiria uma cirurgia um tanto complexa. Mesmo pressupondo a presença de um cirurgião capacitado a bordo, é difícil executar uma cirurgia em gravidade zero, pois os órgãos tendem a sair flutuando pela cavidade aberta no corpo, e uma névoa de gotículas de sangue toma a cabine.

Há um outro problema médico que os astronautas terão de enfrentar numa viagem a Marte feita em gravidade zero. Assim como os ossos, os músculos também se enfraquecem, tal como acontece depois de uma longa permanência na cama durante uma doença. Seria de se esperar que os músculos das pernas fossem os mais afetados, pois as pernas não têm muito o que fazer na ausência da gravidade. Um cosmonauta soviético perdeu quinze por cento do volume muscular de suas pernas durante uma permanência de onze meses no espaço em 1987. Mas, surpreendentemente, os músculos dos braços também se atrofiam na gravidade zero. Isso significa um desempenho mais pobre da tripulação em tarefas vitais — tanto em trabalho pesado, que requer a força dos braços e das mãos, quanto em operações delicadas, onde é exigido o uso preciso dos dedos.

O coração também se atrofia. Os músculos cardíacos de astronautas soviéticos e americanos chegaram a encolher vinte por cento durante longas permanências em órbita. Isso não é de surpreender, pois os músculos encolhem quando não são exercitados. Na ausência de peso, o coração tem menos trabalho a fazer, e, tal como qualquer outro músculo que não é utilizado, fica menor e mais fraco. Quando os membros da tripulação pousarem em Marte após a viagem pelo Sistema Solar, ou quando voltarem para a Terra, seus corações talvez não suportem o esforço extra de bombear sangue contra a força da gravidade. Eles podem ter ataques cardíacos repentinos.

Todos esses riscos para a saúde são evitados desde o início interligando-se as duas naves que rumam para Marte e fazendo-as girar em torno de seu centro para criar uma força de gravidade artificial. Quanta gravidade artificial é necessária? Se as cabines para a tripulação encontram-se nas extremidades opostas desse haltere giratório, distantes 350 metros uma da outra, com todo o sistema rodando a duas revoluções por minuto, a força de gravidade artificial chega a perfazer dois-terços da gravidade da Terra. Essa quantidade de gravidade artificial constitui uma boa maneira de preparar a tripulação para a permanência em Marte, já que ela é um meio-termo entre a gravidade da Terra e a de Marte.

A gravidade artificial protege a tripulação dos efeitos da ausência de peso durante a longa viagem até o planeta vermelho, mas há outros perigos. O mais sério é o envenenamento por radiação. As naves em si não são radiativas, mas o espaço por onde elas viajam está repleto de ameaçadores raios cósmicos. Os raios cósmicos são partículas dotadas de imensa energia que se originam sobretudo em outras partes da galáxia. Os raios danificam as células do corpo porque expulsam os elétrons dos átomos das células e rompem os núcleos atômicos. As células dos órgãos reprodutores, da medula óssea e dos olhos são particularmente vulneráveis. Infertilidade, câncer e catarata são conseqüências comuns da radiação.

Os raios cósmicos prejudiciais são centenas de vezes mais intensos no espaço do que na superfície da Terra. A vida na superfície de nosso planeta é protegida pela atmosfera, que absorve a radiação perigosa, e pelo campo magnético da Terra, que desvia os raios. Esses escudos naturais não existem numa viagem espacial. Por conseqüência, durante uma viagem a Marte os membros da tripulação recebem uma quantidade de radiação nociva igual à que receberiam normalmente durante toda a sua vida na Terra.

A tripulação pode ser protegida dos raios cósmicos com uma camada de material espesso colocada nas paredes externas da cabine, que substituiria a proteção proporcionada à vida na superfície da Terra pela atmosfera. Contudo, seria necessária uma camada protetora com centenas de toneladas de peso. É mais prático deixar a tripulação empreender a viagem sem proteção especial e permitir que cada membro da tripulação realize uma única viagem a Marte. Embora tal procedimento duplique a dose de radiação que cada membro da tripulação receberia durante toda a vida, o excesso não ultrapassa o que sofre uma pessoa que se desloque de uma cidade situada ao nível do mar para uma cidade a uma altitude de 1500 metros — de Nova York para Denver, por exemplo.

Os raios cósmicos, porém, não são a única radiação perigosa que a tripulação encontra durante a viagem. De vez em quando, a superfície do Sol irrompe numa explosão violenta, chamada *fulguração solar* (*solar flare*), que envia uma nuvem de partículas velozes e letais por todo o Sistema Solar. Essas erupções solares, que não podem ser previstas, chegam a durar 24 horas e produzem uma radiação milhões de vezes mais intensa do que aquela que experimentamos na superfície da Terra. Se ocorrer uma fulguração forte durante a viagem a Marte, a tripulação poderá receber uma dose fatal de radiação em menos de uma hora. Durante a viagem, nenhum perigo será mais sério que as fulgurações.

Um escudo pesado envolvendo os alojamentos da tripulação propiciaria certa proteção contra as fulgurações, mas, novamente, ao custo de centenas de toneladas de peso extra. Uma solução mais conveniente é equipar a nave com um abrigo — um pequeno compartimento, com revestimento reforçado contra a radiação, onde a tripulação possa se abrigar pelo tempo que durar a fulguração. Um abrigo como esse exigiria apenas dez toneladas de blindagem.

Porém, a tripulação deve agir com rapidez quando ocorrer uma fulguração. Se esperarem até que as partículas energéticas da fulguração atinjam a nave antes de entrarem no porão, seus membros provavelmente sofrerão danos graves. Felizmente, as fulgurações em geral dão um sinal de alerta — uma explosão de ondas de rádio, relativamente inofensivas, que atravessam o Sistema Solar à velocidade da luz e chegam uma hora à frente das partículas letais da fulguração. Se permanecer atenta a essas explosões de ondas de rádio, a tripulação terá uma hora de sobreaviso — tempo suficiente para chegar ao abrigo. Mas os astronautas que estiverem trabalhando na parte externa da nave correrão perigo. Podem receber uma dose fatal de radiação antes de conseguirem entrar.

As naves interligadas avançam em silêncio pelo espaço, girando num movimento majestoso. Nenhum olhar contempla a impressionante visão. Pequenos foguetes trabalham suavemente, mantendo constante o ritmo de rotação das naves apesar dos movimentos da tripulação que desempenha suas tarefas. Instrumentos sondam continuamente a superfície do Sol, buscando os primeiros sinais de uma ameaçadora fulguração. A vida entra na rotina de bordo: verificar sistemas, ajustar a navegação, comer, dormir e estudar.

As tripulações vivem e trabalham em módulos cilíndricos com 11 metros de largura e 13 de comprimento, contendo quatro níveis. Um módulo acomoda seis homens, embora haja lugar para doze ocupantes, caso necessário. Cada homem consome diariamente um quilo de oxigênio e um quilo de alimentos, mais dez litros de água para cozinhar, beber e lavar-se. Sete litros são repostos diariamente pela reciclagem e pela condensação da umidade atmosférica. Os três litros restantes provêm da reserva de água da nave. Vinte toneladas de oxigênio, alimentos e água serão consumidas pela tripulação de cada nave durante a viagem, mas o dobro desse montante é levado como medida de segurança.

São intensas as tensões psicológicas durante a viagem, mas a estabilidade da equipe foi previamente testada em longas permanências na estação espacial. A micro-sociedade das naves é autogovernante. Questões do cotidiano que não envolvam ameaças à vida são solucionadas democraticamente. Em emergências, a autoridade do comandante é aceita, e as formas de governo obedecem à hierarquia militar.

As naves de Marte são organismos complicados, e cuidar de seus problemas eletrônicos e mecânicos requer um grande conhecimento técnico. Nos tempos do projeto Apolo, centenas de especialistas sentavam-se diante de monitores de computador no "Controle da Missão", em Houston, acompanhando por instrumentos o desempenho da espaçonave, dando início a ações de correção e utilizando os astronautas como extensões de seus dedos e cérebros. Naquela época isso era exeqüível, pois os sinais de rádio levavam menos de cinco segundos para percorrer a distância de ida e volta entre Houston e a Nave. Mas a transmissão de mensagens de rádio entre a nave de Marte e a Terra pode levar uma hora para se efetivar. Se os instrumentos da espaçonave detectarem um vazamento de combustível ou um circuito hiperaquecido, as instruções de Houston para o "conserto" chegarão tarde demais para evitar uma catástrofe.

Esse problema já foi solucionado. Um requintado sistema de instrumentos sensores foi instalado nos órgãos vitais da nave, e o vasto conhecimento dos engenheiros de Houston está armazenado em seu cérebro. A nave assimilou a sabedoria dos especialistas; ela não esquece nada, e aprende com a experiência. Poderosos computadores de bordo compreendem cada circuito, podem testar cada reflexo e cada procedimento, diagnosticar cada problema eletrônico e oferecer uma cura. A nave é uma coisa viva. Ela sente e raciocina.

As duas astronaves deslizam até Marte, aproximando-se dele nove meses depois. A 1,5 milhão de quilômetros, elas se separam e rumam para o planeta, voando novamente em formação fechada. Gradualmente, elas adquirem velocidade sob a ação da gravidade marciana. Ao passarem pelo planeta a 11 mil km/h, os foguetes desviam o curso das naves, e elas entram na atmosfera marciana, que reduz ainda mais a sua velocidade. As naves entram em órbita estacionária.

Aerofrenagem é o termo que se dá a essa manobra que usa a atmosfera para reduzir a velocidade das naves. Trata-se de uma operação das mais delicadas e perigosas de toda a jornada. Se a entrada na atmosfera for feita num ângulo muito vertical, a nave e seus ocupantes queimarão na atmosfera. Se o ângulo da descida for muito horizontal, a nave, feito uma pedra chata que desliza pela superfície da água, acabará por sair novamente da atmosfera.

Quando a manobra de aerofrenagem é concluída, as tripulações das duas naves voltam sua atenção para o pouso em si. Em cada uma das naves, três membros da tripulação foram designados para descer na superfície marciana. Os demais permanecem em seus postos. Os astronautas escolhidos entram no Módulo de Excursão Marciano e começam os preparativos para o pouso. O Módulo é uma versão ampliada, contendo dois pisos, do Módulo de Excursão Lunar empregado nos pousos de naves Apolo. Ele foi acondicionado atrás dos alojamentos da tripulação durante a viagem. Agora, tendo a bordo o primeiro grupo de pouso, ele se solta suavemente da nave.

Empregando mais uma vez a resistência da atmosfera marciana, o grupo de pouso aerofrena o Módulo de Excursão para tirá-lo de órbita. Numa altitude de cinco quilômetros, os pára-quedas se abrem — primeiro o *droque*, a uma velocidade de 1.100 km/h, depois o pára-quedas principal —, e a velocidade cai para 500 km/h. A trezentos metros da superfície, os retrofoguetes são acionados para que a nave faça um pouso suave. A porta do Módulo de Excursão se abre, e os membros da tripulação pulam para o chão, movimentando-se com facilidade na gravidade fraca de Marte. Tem início a exploração de um outro planeta.

QUARTA PARTE

Uma viagem pelo futuro

11. Encontro com uma estrela

Uma das mais notáveis descobertas da astronomia é a de que o Universo já era antigo quando o Sol e sua família de planetas começaram a existir. Mais da metade das estrelas do Cosmos são bilhões de anos mais velhas do que o Sol. Planetas semelhantes à Terra circundam muitas dessas estrelas mais velhas. Seres inteligentes podem ter surgido em alguns desses planetas um bilhão de anos ou mais antes do surgimento do homem na Terra.

Como serão esses seres inteligentes? Como serão nossos próprios descendentes daqui a um bilhão de anos? Os primeiros seres humanos apareceram na Terra há pouco mais de um milhão de anos; o homem moderno surgiu há menos de 50 mil anos; e muitas das invenções das quais a vida depende hoje têm menos de duzentos anos. Ainda assim, esses períodos são um piscar de olhos na vida de um planeta ou de uma estrela. As mudanças que podem ocorrer em um bilhão de anos estão além de nossa imaginação.

Consideremos a marcha das novas invenções criadas nos últimos cem anos: o telefone, o automóvel, o avião, e depois, num ritmo mais veloz, o rádio, a televisão, medicamentos fabulosos, o computador... Cada um deles acrescenta mais um toque de mágica à vida humana. Diante disso, pensemos em *um bilhão* de anos de progresso cada vez mais rápido. Essas civilizações mais antigas podem ter superado nossos feitos há muito tempo. É de se prever que tenham dominado as técnicas da comunicação por rádio de estrela para estrela e conquistado a energia necessária para uma viagem através da galáxia, com uma habilidade maior do que nossos cientistas podem esperar alcançar ainda por muitos séculos. Assim como Colombo descobriu os índios e não vice-versa, devemos esperar que essas sociedades avançadas façam-se conhecer antes de conseguirmos estabelecer contato com elas.

Talvez os seres avançados formem uma rede galáctica de inteligência, dando as boas-vindas aos recém-chegados um a um, à medida que eles transpõem o limiar da radiocomunicação. Nosso primeiro contato com raças mais antigas certamente será por meio de rádio, mas, com o tempo, nosso desejo de ver esses lugares e ''pessoas'' distantes pode tornar-se irresistível. A curiosidade pode levar-nos a cruzar as fronteiras do Sistema Solar.

No entanto, um enorme abismo nos separa de nossos vizinhos estelares mais próximos. Na opinião de muitos cientistas, o abismo nunca será transposto. A estrela mais próxima do Sol — Alfa do Centauro, visível somente no Hemisfério Sul — está a 40 *trilhões* de quilômetros daqui. Se viajássemos à velocidade da luz — 300 mil quilômetros por segundo —, levaríamos mais de quatro anos para chegar lá. Em velocidades convencionais de foguete, a viagem demoraria 50 mil anos. A maioria das outras centenas de bilhões de estrelas na Via Láctea — o imenso agrupamento estelar ao qual pertence o Sol — encontram-se centenas ou milhares de vezes mais distantes que Alfa do Centauro. Não haverá alguma maneira de chegarmos a elas?

Em que pese o pessimismo dos cientistas, têm-se discutido diversos métodos. Nenhum é exeqüível hoje; todos exigem ampliação da ciência para além dos limites do conhecimento moderno ou mudanças dramáticas nos padrões de comportamento humano.

A primeira possibilidade exige um avanço substancial no conhecimento médico. Se as pesquisas conseguissem resolver o problema da suspensão da vida nos seres humanos, os viajantes do espaço poderiam passar centenas ou milhares de anos num sono congelado e atemporal, locomovendo-se pelo Cosmos numa astronave automatizada. Quando a nave se aproximasse de seu destino, os viajantes seriam acordados por um computador. Assim que se levantassem, com o mesmo viço de brócolis descongelados, eles cumpririam suas tarefas de exploração. Concluído o reconhecimento, rumariam de volta para a Terra, caindo num sono do qual só seriam despertados ao fim da viagem, quando encontrariam um mundo muito diferente daquele que haviam deixado centenas de séculos antes.

Uma outra possibilidade — germinação terminal — está mais próxima do domínio da prática médica atual. Talvez seja possível transportar células germinativas — esperma e óvulos — que poderiam ser combinadas em úteros artificiais quando a nave se aproximasse do sistema solar alienígena. Criados por computadores-pais, os membros da tripulação chegariam adultos ao seu destino, prontos para explorar os novos planetas.

Como experimento médico, a fertilização do óvulo de um mamífero e a criação do embrião até o nascimento talvez possa ser feita daqui a uns cinqüenta anos. Experimentos nesse sentido com animais inferiores fazem parte da revolução médica hoje em andamento. É possível que essa pesquisa abra um caminho para as viagens interestelares antes que os problemas da suspensão da vida em seres humanos sejam superados.

Há ainda uma outra possibilidade, que dependeria de avanços nas ciências físicas. Com melhorias radicais em motores e combustível de foguete, uma nave interestelar poderia ser acelerada até velocidades próximas à da luz. Se a nave atingisse dois décimos da velocidade da luz, a viagem até Alfa do Centauro e o retorno à Terra levariam 45 anos — dentro do período de vida dos viajantes, caso partissem jovens de nosso planeta.

Mas atualmente não existe nenhum foguete capaz de se aproximar da velocidade da luz. O motor de foguete mais próximo dessa meta é movido pela energia de fusão nuclear — a mesma energia que alimenta a explosão de uma bomba de hidrogênio. O foguete a fusão nuclear ainda não existe, mas não está muito longe do alcance da tecnologia atual.

Mesmo com esse foguete avançado, uma nave pesando quase dez mil toneladas — aproximadamente o mínimo necessário para os 45 anos de viagem — exigiria quase cem milhões de toneladas de combustível nuclear para elevar sua velocidade a dois décimos da velocidade da luz. Isso inclui não apenas o combustível usado para acelerar a nave até essa velocidade alta, mas também o combustível necessário para a redução da velocidade quando ela chegasse à estrela, além do combustível extra para acelerar e diminuir a velocidade durante o retorno à Terra. O custo da viagem equivaleria ao que a economia mundial produz num século inteiro. Tais perspectivas não são muito atraentes.

O foguete nuclear não é o máximo em viagens de alta velocidade. O máximo poderia ser alcançado se todo o combustível de um foguete fosse convertido em energia radiante pura, de acordo com a fórmula de Einstein, $E = mc^2$. O combustível necessário para esse fim é a antimatéria — grandes quantidades dela.

A antimatéria é a contraparte exótica da matéria comum que compõe o Universo conhecido. Experimentos laboratoriais demonstraram que quantidades iguais de matéria e antimatéria postas em contato eliminam-se mutuamente numa grande explosão de energia. A antimatéria utilizada como combustível para foguetes é centena de vezes mais poderosa, quilo por quilo, do que o combustível usado na fusão nuclear. Se fosse possível manufaturar grandes quantidades de antimatéria na Terra e usá-la para abastecer um motor num ritmo controlado, contínuo, teríamos um foguete capaz de aproximar-se da velocidade da luz.

Uma nave de dez mil toneladas dotada de um motor a antimatéria poderia alcançar até dois décimos da velocidade da luz com apenas cinco mil toneladas de combustível. Isso seria um avanço em relação aos cem milhões de toneladas exigidos para atingir a mesma velocidade com um foguete movido por fusão nuclear. Seria possível obter uma velocidade ainda maior — 99 por cento da velocidade da luz — com 140 mil toneladas de combustível. Com uma velocidade tão alta, a nave poderia fazer a viagem de ida e volta até Alfa do Centauro em menos de dez anos.

Caso se tornasse realidade, tal motor traria uma vantagem adicional. Segundo a teoria da relatividade de Einstein, viajantes espaciais locomovendo-se a velocidades próximas à da luz envelhecem mais devagar do que os seres humanos que permanecem na Terra, já que o próprio tempo passa mais lentamente em altas velocidades. Viajantes que fizessem uma viagem a uma estrela longínqua numa velocidade bem alta voltariam pouco mais velhos do que quando partiram. Numa viagem bastante longa, os viajantes talvez verificassem ao voltar que estavam mais jovens do que seus filhos.

Pais mais jovens do que seus filhos? Os físicos raramente fazem previsões estranhas como essa. A previsão de Einstein de que o tempo passa mais lentamente em altas velocidades parece tão esquisita que durante algum tempo muitos cientistas a rejeitaram com vigor. Entretanto, o efeito foi testado em numerosos experimentos, onde se constatou exatamente o que Einstein dissera[1].

Suponhamos que, com a ajuda de um hipotético motor matéria-antimatéria, uma nave foi acelerada até 99 por cento da velocidade da luz para uma viagem a uma estrela situada a 25 anos-luz. (Um ano-luz, a unidade de distância empregada pelo astrônomo, é a distância percorrida em um ano pela luz, o que equivale a pouco menos de dez trilhões de quilômetros. Um objeto com a velocidade da luz levaria 25 anos para alcançar uma estrela localizada a 25 anos-luz.) Se a nave se locomover a 99 por cento da velocidade da luz, a viagem de ida e volta irá durar pouco mais de cinqüenta anos. Quando os viajantes espaciais voltarem para a Terra, todos os seu amigos estarão cinqüenta anos mais velhos, e muitos já terão morrido.

Por outro lado, segundo a teoria de Einstein, durante uma viagem a 99 por cento da velocidade da luz, os viajantes espaciais envelhecem apenas um décimo em relação aos seus amigos na Terra. No planeta, cinqüenta anos se passaram no planeta desde a partida, mas os viajantes estão apenas cinco anos mais velhos do que o eram quando foram lançados no espaço.

A teoria da relatividade prevê que o tempo reduz sua marcha seja qual for a velocidade do viajante, e não apenas em velocidades próximas à da luz. Por exemplo, os passageiros de um avião que voa entre Nova York e Los An-

1. Num famoso experimento conduzido em 1977, um relógio atômico muito preciso foi transportado pelo mundo num avião a jato. Quando voltou, ele foi comparado a um relógio idêntico que ficara em solo. Constatou-se então que ele atrasara exatamente o tempo previsto pela teoria de Einstein.

geles envelhecem alguns milionésimos de segundo menos do que alguém que tenha ficado no ponto de partida. Mas o efeito torna-se notável somente em velocidades próximas à da luz. De acordo com Einstein, o tempo pára completamente à velocidade da luz. A tripulação de uma nave interestelar, viajando a essa velocidade, não levaria literalmente nenhum tempo para chegar a seu destino e não envelheceria durante a jornada[2].

Os viajantes espaciais obterão esses benefícios da teoria da relatividade somente se a ciência puder criar um motor antimatéria que os leve bem perto da velocidade da luz. Infelizmente, a construção do motor antimatéria, tão comum na ficção científica, apresenta incontáveis dificuldades técnicas. Atualmente não conseguimos produzir senão pequenas quantidades de antimatéria, alguns bilionésimos de grama, em laboratórios. Como produziremos milhares de toneladas? E, caso venhamos a fazer toneladas de antimatéria, em que tipo de recipiente nós a acondicionaremos? Um recipiente feito de matéria comum seria aniquilado pelo conteúdo. No entanto, aquilo que aparentemente se encontra além do alcance da nossa ciência pode já ser do domínio de civilizações mais velhas e mais evoluídas A ciência de uma sociedade avançada é a mágica de uma sociedade primitiva.

Uma viagem pelo espaço a uma velocidade próxima à da luz apresenta outros problemas. O mais sério deles

---

2. Mas, segundo a teoria, atingir plenamente a velocidade da luz é impossível para uma espaçonave ou qualquer outro objeto material, pois isso exigiria uma quantidade infinita de energia. A quantidade de energia necessária cresce rapidamente à medida que se aproxima a velocidade da luz. Por exemplo, acelerar até 99 por cento da velocidade da luz requer dez vezes mais energia do que acelerar até 90 por cento.

talvez seja o das colisões entre a nave em alta velocidade e as partículas atômicas que vagam pelo espaço — prótons, nêutrons, elétrons, etc. Essas partículas tornam-se projéteis perigosos quando uma nave se locomove por entre elas em alta velocidade. Cada partícula atômica que penetrar nas paredes da astronave deixará um rastro mortal de radioatividade. Pedaços de matéria sólida — grãos diminutos de gelo e partículas soltas de poeira com diâmetro de apenas milionésimos de centímetro — também se acham espalhados por todo o Cosmos. Cada pedaço de matéria, ao atingir as paredes externas da nave que viaja a 99 por cento da velocidade da luz, explode com a energia de uma pequena bomba atômica. A nave teria de ser protegida por uma carapaça de chumbo com pelo menos dez metros de espessura e pesando um milhão de toneladas.

Em outros lugares do Universo talvez existam cientistas que tenham superado esses problemas formidáveis. Mas, do ponto de vista dos seres humanos, o motor acionado por antimatéria parece estar tão além da tecnologia moderna que talvez só consigamos criá-lo daqui a milhares ou mesmo dezenas de milhares de anos.

No entanto, as estrelas nos chamam, e outras formas de alcançá-las foram sugeridas. Uma das propostas evita os perigos da viagem em alta velocidade, mas a um custo que poucas pessoas vivas hoje pagariam. Na atual marcha de progresso na tecnologia de foguetes, em algumas centenas de anos poderemos construir arcas espaciais gigantescas, com as dimensões do *Queen Mary*, que se manteriam por si mesmas e seriam capazes de abrigar a vida por um período indefinido. Essas arcas seriam Terras em miniatura, plantando seu próprio alimento e levando consigo a cultura da civilização-mãe. As gerações nasceriam, evoluiriam e morreriam a caminho de uma estrela distante.

A arca renovaria periodicamente suas provisões em "escalas para reabastecimento" feitas numa série de estrelas ao longo do caminho. Cometas desgarrados contribuiriam para os recursos da arca espacial. Há indícios de que o espaço entre as estrelas pode conter cometas expulsos de seus sistemas solares por interferência de uma outra estrela. Esses blocos porosos de gelo e material rochoso serão verdadeiros tesouros para o viajante espacial. Os pedaços de pedra que eles contêm poderão ser convertidos em alumínio, ferro e outros materiais destinados à construção; o gelo, derretido, forneceria a preciosa água para os habitantes da arca; a água, decomposta em hidrogênio e oxigênio, proporcionaria ar e combustível para os geradores da nave. E a água contém ainda deutério, um combustível usado em foguetes nucleares.

A vida seria trabalhosa para todos os ocupantes da arca espacial, e cada pessoa teria de desempenhar uma tarefa árdua nessa micro-sociedade. A sobrevivência da arca dependeria de qualidades que são tidas em alta conta pela sociedade de hoje. Estabilidade emocional, tato e um senso de cooperação bem desenvolvido seriam muito apreciados no mundo restrito da arca espacial.

Alguém aceitaria de bom grado uma missão como essa, sabendo que jamais tornaria a ver a Terra? A julgar pelo passado, é certo que sim. O homem é um animal exploratório. Desde os gregos antigos e os polinésios em suas canoas marítimas até os pioneiros americanos, a história da exploração tem sido, em boa parte, a história de homens e mulheres que se lançaram em perigosas e difíceis jornadas para colonizar mundos desconhecidos, sem nenhuma esperança de um dia voltar para casa.

12. Uma mensagem

Desde o início da década de 1960 há programas de televisão sendo difundidos da Terra para o espaço a um nível de milhões de watts. Hoje, a capacidade total irradiada pelas estações de televisão do mundo ultrapassa um bilhão de watts. No decurso dos últimos quinze anos, essa camada em expansão de transmissões televisivas, afastandose da Terra à velocidade da luz, já passou por centenas de estrelas. Programas antigos de Jack Paar e Johnny Carson levaram até essas estrelas a mensagem de que existe vida inteligente neste planeta.

Poderosas irradiações lançadas no espaço por enormes radares situados nas fronteiras dos Estados Unidos e da União Soviética a fim de denunciar ataques aéreos ou de mísseis tornam a presença humana mais evidente para seres inteligentes que estejam observando nosso planeta de estrelas distantes.

Devido a esses sinais, a Terra brilha mil vezes mais do que o Sol em freqüências de televisão e FM. Radioastrônomos de outros sistemas solares, ao voltarem suas antenas em nossa direção, perceberão o extravasamento de energia e verão que nesta estrela existe uma sociedade cientificamente avançada. Nossos sinais de televisão dizem aos extraterrestres mais do que isso. A partir de modificações sutis na freqüência dos sinais durante a rotação da Terra, eles podem inferir a distância entre nosso planeta e o Sol, a temperatura provável na superfície da Terra e, com isso, o tipo de vida que pode existir aqui.

Se realmente vêm acompanhando nosso progresso, os

astrônomos de outros sistemas solares agora têm provas de que a vida aqui existente transpôs um importante limiar tecnológico — o limiar da radiocomunicação. Os cientistas extraterrestres podem inferir a partir de sua própria experiência que essa realização logo será acompanhada pelo domínio da tecnologia para viagens espaciais — primeiro de planeta para planeta e, pouco depois, para além das fronteiras do Sistema Solar. Inadvertidamente, estivemos enviando mensagens e comunicando que estamos prestes a ingressar na comunidade galáctica.

Se esses seres extraterrestres existem, esse pode ser o sinal que eles estavam esperando. Uma mensagem de boas-vindas, irradiada na direção do Sol, talvez esteja a caminho da Terra.

De quais estrelas as mensagens viriam? As civilizações das quais elas partiram não podem estar muito longe, pois, caso contrário, os sinais que revelam nossa presença não teriam chegado a elas. Ou então, se os sinais atingiram essas estrelas, o tempo talvez não tenha sido suficiente para que as respostas chegassem até nós.

Qualquer estrela num raio de doze anos-luz do Sol acha-se a uma distância adequada. Suponhamos que a estrela esteja a apenas doze anos-luz daqui. Isso significa que um programa de Johnny Carson, que tenha partido da Terra em, digamos, 1965, chegaria a essa estrela em 1977, após uma viagem de doze anos pelo espaço. Se a resposta fosse mandada de imediato, levaria outros doze anos para nos alcançar, chegando em 1989. A essa altura, já teríamos notícias dessa estrela.

Mas as estrelas de onde poderia partir uma resposta têm de estar não apenas na distância certa como também ter a idade certa — não podem ser nem jovens nem velhas demais.

Isso é muito importante. Se a estrela for demasiado jovem — se, por exemplo, tiver apenas dois bilhões de anos —, a vida nessa estrela provavelmente não teve tempo de evoluir até um nível inteligente. Afinal, a Terra existiu por mais de quatro bilhões de anos antes de seus habitantes atingirem um grau significativo de inteligência. Em planetas que circundam estrelas apenas um bilhão de anos mais jovens do que o Sol, o supra-sumo da criação talvez sejam criaturas de corpo mole semelhantes à minhoca e à água-viva — pois esses animais simples foram as formas mais elevadas de vida em nosso planeta há um bilhão de anos.

Da mesma maneira, se for muito velha, a estrela provavelmente não abrigará vida inteligente. A princípio poderíamos imaginar que estrelas velhas têm maior probabilidade de acolher vida inteligente, pois quanto maior o tempo disponível maior a probabilidade de surgir inteligência. Mas, surpreendentemente, estrelas demasiado velhas têm tão poucas probabilidades de abrigar vida inteligente quanto as jovens. Isso ocorre porque as estrelas velhas possuem quantidades insuficientes de certos elementos químicos necessários para o surgimento da vida, tais como carbono, nitrogênio e oxigênio. Como a estrela e sua família de planetas são formados a partir da mesma nuvem de matéria, a família de planetas também deve possuir quantidades insuficientes desses mesmos elementos e, sem eles, a vida como a conhecemos não pode existir.

Mas estrelas jovens e suas famílias de planetas — com a idade do Sol e da Terra, por exemplo — possuem os elementos necessários para a vida. Nossa presença neste Sistema Solar é prova disso. Onde essas estrelas jovens obtêm sua provisão de elementos propícios à vida?

A resposta é que tais elementos foram produzidos nas estrelas. Quando passou a existir, após a explosão de luz e calor que os astrônomos denominaram Big Bang, o Universo era composto quase que inteiramente de hidrogênio e hélio — os elementos primordiais do Cosmos. Nesse mesmo período inicial, ainda não havia estrelas no Universo. Quando surgiram, elas se formaram a partir dos materiais disponíveis e, portanto, também eram compostas quase que inteiramente de hidrogênio e hélio.

Porém, com o surgimento dessas primeiras estrelas no Universo, teve início uma importantíssima cadeia de acontecimentos. Gradualmente, reações nucleares no interior dos corpos das estrelas recém-formadas começaram a transformar as substâncias leves, hidrogênio e hélio, em substâncias mais pesadas. Entre estas encontravam-se os elementos da vida: carbono, oxigênio, ferro e outros.

Quando chegaram ao fim de suas vidas, as estrelas que possuíam maior massa explodiram, espalhando pelo espaço o carbono e os outros elementos produzidos no interior do seu corpo. Mesclando-se aos gases primordiais de hidrogênio e hélio, os elementos recém-distribuídos formaram uma mistura enriquecida, que agora incluía, pela primeira vez, os elementos que tornam a vida possível.

Nos primeiros bilhões de anos de existência do Universo, os elementos vitais estavam presentes em quantidades muito pequenas — pois, a essa altura, poucas estrelas haviam vivido, morrido e explodido —, e a mistura era pobre. A mistura foi se enriquecendo à medida que outras estrelas explodiram e lançaram seu conteúdo no espaço e, com o transcorrer do tempo, a abundância dos elementos mais pesados no Universo aumentou ainda mais. Quando o Sol e sua família de planetas se formaram, há 4,5 bilhões de anos, o carbono, o oxigênio e outras substâncias importantes equivaliam a dois por cento da quantidade de hidrogênio e hélio existentes no Universo.

Dois por cento aparentemente não é muito, mas bastou para suprir os elementos necessários para a formação da Terra e, algum tempo depois, para o desenvolvimento da vida em nosso planeta.

Outras estrelas com mais ou menos a mesma idade do Sol — ou seja, nascidas há quatro ou cinco bilhões de anos — também contam com aproximadamente dois por cento desses elementos vitais, pois foram formadas a partir de matéria cósmica com a mesma composição. É possível que planetas semelhantes à Terra tenham se formado em torno dessas estrelas, e é possível também que a vida tenha surgido nesses planetas.

Por outro lado, estrelas nascidas há, digamos, um ou dois bilhões de anos — ou seja, mais jovens do que o Sol —, devem possuir uma quantidade maior de elementos importantes, pois a mistura cósmica é enriquecida continuamente, à medida que cada vez mais estrelas explodem e lançam seu conteúdo no espaço. Essas estrelas mais jovens, e os planetas que as circundam, também devem possuir uma grande provisão dos ingredientes da vida.

Mas as estrelas que se formaram muito antes que o Sol são menos favoráveis ao desenvolvimento da vida. Quando essas estrelas velhíssimas passaram a existir, o Universo ainda era bem jovem. Naquele tempo, poucas estrelas haviam morrido e espalhado o material de seus corpos e, portanto, a quantidade de elementos necessários à vida era insuficiente em todo o Universo, e todas as estrelas ou planetas que se formaram naquele período devem apresentar a mesma deficiência.

Naturalmente, uma estrela pouco mais velha do que o Sol — digamos, um bilhão de anos — terá uma proporção apenas um pouco menor de elementos necessários para a vida. Uma tal estrela e seus planetas seriam quase tão propícios ao surgimento da vida e da inteligência quanto o nosso sistema solar.

Porém, se a estrela for muito mais velha do que o Sol — por exemplo, se tiver 13 ou 14 bilhões de anos, quase tão velha quanto o Universo — a deficiência de elementos vitais deve ser enorme, ela não pode abrigar vida.

Portanto, ao examinarmos a possibilidade de abrigar vida das estrelas ao nosso redor, devemos levar em consideração as estrelas que tiverem mais ou menos a mesma idade do Sol, ou que sejam um pouco mais velhas. Devem ser descartadas as estrelas muito velhas, que nasceram quando o Universo ainda era bem jovem.

E, é claro, devemos rejeitar também as estrelas muito mais jovens do que o Sol, pois, mesmo que exista vida em algum planeta do seu sistema, não houve tempo para que se desenvolvesse a inteligência.

Finalmente, uma estrela com perspectivas promissoras para a vida inteligente deve também ter tamanho e massa adequados. Se for substancialmente maior e tiver muito mais massa do que o Sol, a estrela se extinguirá rapidamente e morrerá antes que a vida possa surgir. Ou, se durar o bastante para que a vida principie, ela talvez se extinga antes que a inteligência possa surgir.

O tempo de vida de uma estrela depende muito de sua massa. O Sol viverá dez bilhões de anos, mas estrelas de massa duas vezes maior vivem apenas um bilhão de anos — tempo suficiente para o surgimento da vida, mas talvez insuficiente para essa vida atingir o nível da inteligência. E uma estrela de massa dez vezes maior que a do Sol vive apenas dez milhões de anos — provavelmente um tempo muito curto para surgimento de qualquer tipo de vida[1].

1. Em princípio seria de se esperar que, para terem mais combustí-

Estrelas com massa menor que a do Sol também podem ser inadequadas para a vida e a inteligência, embora nesse caso as considerações científicas sejam menos precisas. Como viveiros em potencial, essas estrelas de tamanho modesto têm o inconveniente de possuírem superfícies mais frias do que a superfície do Sol. Conseqüentemente, elas não emitem muita luz visível, ou seja, radiação com comprimentos de onda perceptíveis pelo olho; pelo contrário, quase toda a sua energia é emitida na forma de raios infravermelhos invisíveis. Mas, se a estrela não emite luz visível, como podem se desenvolver as plantas, um dos primeiros degraus na escada da vida? A fotossíntese — a absorção de luz para a produção da energia responsável pelo crescimento da planta — só é eficaz quando a planta é exposta a luz visível. Raios infravermelhos não contribuem em nada para o crescimento de uma planta.

Ao mesmo tempo, as estrelas pequenas também emitem pouca luz ultravioleta — um tipo de radiação que, segundo se supõe, desempenha um papel importante nas reações químicas que convertem a matéria inanimada em vida num planeta jovem.

Na Terra, a evolução das plantas levou aos animais, e a evolução dos animais levou à vida inteligente. Talvez

---

vel para abastecer suas fogueiras nucleares, as estrelas grandes e de maior massa durassem mais tempo que as estrelas pequenas. Mas ocorre o contrário. Isso porque as reações nucleares que consomem o combustível da estrela são extremamente sensíveis à temperatura. Embora uma estrela grande tenha mais combustível para queimar, a temperatura em seu centro, devido à maior massa, também é mais elevada. Por conseguinte, as reações nucleares no interior da estrela ocorrem num ritmo veloz; quando o fogo é mais quente, o combustível queima com maior rapidez. Daí resulta que, embora tenha mais combustível, a estrela grande consome todo o seu combustível e chega ao fim da vida num período mais curto.

um tipo de vida ainda mais simples do que a planta possa surgir num planeta em órbita ao redor de uma estrela fria. Mas, pelo que compreendemos da história da vida na Terra, essa vida provavelmente não evoluirá até um nível mais elevado.

Assim, agora sabemos como são as estrelas de onde podemos esperar as primeiras vozes extraterrestres no futuro próximo. Essas estrelas promissoras, é claro, devem ter planetas. Devem assemelhar-se ao Sol em tamanho e no tipo de luz que emitem. As estrelas promissoras devem também ser da mesma idade que o Sol, ou ter cerca de um bilhão de anos a mais ou a menos. Além do mais, devem ser vizinhas bem próximas do Sol; de fato, devem estar a mais ou menos doze anos-luz do Sol para podermos avisar que estamos aqui — e aguardando o seu chamado.

13. Estrelas promissoras

Existem vinte estrelas a doze anos-luz do Sol. Em qual delas é maior a promessa de existir vida inteligente? Comecemos pela vizinha mais próxima do Sol, Alfa do Centauro. Essa estrela acha-se a pouco mais de quatro anos-luz, ou 40 trilhões de quilômetros, do Sistema Solar. Os habitantes dos planetas que giram em torno de Alfa do Centauro, se é que existem, já receberam os sinais de televisão e de radar que partiram da Terra na década de 1960. À essa altura, eles tiveram mais de duas décadas para escutar esses sinais e refletir sobre o seu significado.

Ocorre, porém, que Alfa do Centauro é uma estrela tripla — três estrelas formadas a partir de uma mesma nuvem de matéria. As três estrelas giram em torno uma da outra em órbitas bem firmes, presas pela atração gravitacional mútua. Via de regra, a probabilidade de estrelas triplas — e de estrelas duplas — abrigarem vida é muito pequena, pois elas não conseguem manter seus planetas em órbita. Por exemplo, se um planeta se forma em torno de uma das estrelas triplas, a atração gravitacional das outras duas estrelas tende a puxá-lo para fora da órbita e mandá-lo para o espaço. Alfa do Centauro, porém, pode ser uma exceção, pois suas três estrelas estão separadas por distâncias relativamente grandes. Um planeta como a Terra, que se localizasse bem perto de uma das estrelas de Alfa do Centauro, provavelmente não seria deslocado pela atração das outras duas por estas se acharem a grande distância.

Assim, pressupondo que as estrelas de Alfa do Centauro são capazes de manter seus planetas, em torno de qual delas haveria maior probabilidade de girarem planetas habitados?

Uma das estrelas de Alfa do Centauro é consideravelmente menor e mais fria que o Sol. Ela emite uma quantidade ínfima de luz visível e menor ainda de luz ultravioleta, e não oferece muitas perspectivas para a vida tal como a conhecemos. As outras duas são mais promissoras. Ao que parece, possuem a mesma idade do Sol, o que significa que já houve tempo para que a vida surgisse e alcançasse um nível adiantado. Além disso, uma das duas, chamada Alfa do Centauro A, é quase idêntica ao Sol em tamanho e no tipo de luz emitida. Essa estrela é uma boa candidata a berço de vida inteligente — desde que tenha planetas semelhantes à Terra.

Depois de Alfa do Centauro vem a Estrela de Barnard, a seis anos-luz, ou 57 trilhões de quilômetros, do Sistema Solar. A Estrela de Barnard parece ter uma família de planetas, mas é muito velha — quase tanto quanto o Universo — e, portanto, não possui em quantidade suficiente a maioria dos elementos químicos essenciais à vida. Em termos de vida, ela não promete muito.

Para além da Estrela de Barnard existem algumas outras, todas com pouca chance de conter vida e inteligência, visto serem demasiado pequenas e frias para emitirem o tipo de luz necessário para a vida tal como a conhecemos, ou demasiado velhas para possuírem os elementos químicos da vida, ou, ainda, demasiado jovens para já possuírem vida inteligente. Assim, só chegamos a outra estrela capaz de abrigar vida e seres inteligentes depois de nos afastarmos quase onze anos-luz do Sol.

Essa estrela chama-se Épsilon Eridani. Tem aproximadamente metade da massa do Sol e emite menos luz visível e menos luz ultravioleta que o Sol — mas talvez o suficiente para permitir o surgimento de vida. Épsilon Eridani parece ser um pouco mais jovem que o Sol — talvez tenha idade suficiente para possuir formas simples de vida, mas não o bastante para abrigar seres inteligentes. No entanto, o cálculo da idade de estrelas desse gênero é preciso somente até alguns bilhões de anos. Descontando a possível margem de erro na idade de Épsilon Eridani, a estrela continua sendo um lugar onde seria possível a presença de vida inteligente.

Ainda num raio de doze anos-luz do Sol, existem nove estrelas depois de Épsilon Eridani. Com exceção de uma, todas são jovens, velhas, pequenas ou grandes demais para acolher vida e inteligência. A exceção é Tau Ceti.

Tau Ceti, que se encontra a pouco menos de doze anos-luz de nós, atende a todos os requisitos básicos para a evolução de vida inteligente — assim como o Sol, é uma estrela única; e, ao contrário de Alfa do Centauro, não teria dificuldade para manter seus planetas. Ademais, tem a mesma idade e o mesmo tamanho do Sol, e há indicações de que possui uma família de planetas. Dentre todas as vizinhas próximas do Sol, Tau Ceti é a estrela com maior probabilidade de abrigar uma civilização tecnologicamente avançada.

Agora o exame das estrelas próximas está completo. Num raio de doze anos-luz do Sol há vinte estrelas. Dessas vinte, três são lugares onde a vida poderia surgir e prosperar. Não há dúvida de que também o Sol e sua família de planetas são lugares promissores para a vida. Isso significa que quatro em vinte e uma estrelas nesta parte da galáxia, ou aproximadamente uma em cada cinco, oferecem condições favoráveis à evolução da vida e da inteligência.

Visto que nossa galáxia possui cerca de 200 bilhões de

estrelas, 40 bilhões delas podem abrigar seres inteligentes. Igual número de estrelas propícias à vida talvez exista na galáxia Andrômeda, nossa vizinha galáctica mais próxima. E, para além de Andrômeda, existem muitas outras galáxias, cada qual com bilhões de estrelas promissoras. Esses números são espantosos. Será que todas essas estrelas são habitadas? Ou apenas algumas delas? Ou nenhuma, salvo o Sol e sua família?

Alguns astrônomos defendem que a ciência já conhece as respostas para essas perguntas. Eles argumentam que a Terra é um planeta de tipo comum, contendo materiais comuns encontrados em muitos sistemas solares. Assim, eles contrapõem: se surgiu vida nesse planeta comum, por que não surgiria vida em outros planetas semelhantes? Por que somente a Terra, dentre todos esses planetas, seria escolhida pela natureza ou por Deus como o único planeta em cujo solo a semente da vida pode deitar raízes?

Cientistas interessados na vida extraterrestre podem chamar esse raciocínio de Princípio da Mediocridade. A lógica do Princípio da Mediocridade parece impecável: existe uma prova mais cabal de que a vida e a inteligência são comuns no Universo do que o fato de ambas terem surgido num planeta comum como a Terra?

Em minha opinião, os cientistas que acreditam que a vida é abundante no Universo devem ter razão; eu também acredito no Princípio da Mediocridade. Mas, por ora, ainda não há uma prova irrefutável que corrobore essa visão. Minha crença no predomínio da vida inteligente no Universo é mais uma questão de fé — a expressão de um ponto de vista pessoal quanto ao lugar do homem no Cosmos.

Outros cientistas, inclusive alguns renomados, encaram com reservas o Princípio da Mediocridade. Eles salientam que, embora a ciência possa ter razão ao dizer que é possível surgir vida a partir de matéria inanimada, essa ocorrência talvez seja extremamente rara. Afinal, a evolução de seres inteligentes a partir de moléculas simples é um desdobramento extraordinário, mesmo que possa ser explicado por meio de uma cadeia de reações químicas. É possível que essa ocorrência formidável exija a concatenação de tantos acontecimentos improváveis que a probabilidade de repetição dessa cadeia de eventos seja essencialmente zero.

Embora conheçamos o número de estrelas — aproximadamente uma em cada cinco — que oferecem a promessa de vida, não sabemos quantas dessas estrelas promissoras são de fato habitadas. Até que obtenha provas a respeito dessa questão, a ciência deve aceitar a possibilidade de que, embora bilhões de estrelas *possam* acolher vida, apenas uma delas realmente o fez — o Sol. A evolução de vida inteligente pode ter ocorrido somente uma vez na galáxia e, talvez, somente uma vez no Universo. Apesar de cientificamente explicável, a existência do ser humano talvez seja tão improvável quanto um milagre.

Mas se recebermos uma mensagem de alguma das estrelas vizinhas do Sol saberemos por fim que a evolução de vida inteligente não é um milagre, que o homem não está só, que provavelmente existem seres inteligentes em muitas estrelas do Universo.

O que nos habilita a dizer isso? Por que a descoberta de vida extraterrestre em uma estrela nos permitiria chegar a tal conclusão? Consideremos as três estrelas próximas — Alfa do Centauro, Épsilon Eridani e Tau Ceti. Todas as três apresentam certa promessa de abrigar vida inteligente. Imagine-se que recebemos uma mensagem de uma delas, indicando que, de fato, ela é habitada por uma sociedade inteligente. Logicamente, já se sabe que o Sol abriga vida inteligente. Isso significaria que, de quatro estrelas — o Sol e suas três vizinhas — que oferecem a promessa de vida, constatou-se que duas realmente acolhem vida inteligente. Assim, a probabilidade de encontrar vida inteligente numa estrela promissora é de aproximadamente duas por quatro, ou cinqüenta por cento.

Quatro estrelas, é claro, não são suficientes para um cálculo preciso dessa importante probabilidade. Se procurássemos sinais de vida em milhares de estrelas, a cifra exata talvez revelasse ser um pouco mais elevada ou um pouco mais baixa que cinqüenta por cento. Mas, se descobrirmos vida inteligente numa das vizinhas mais próximas do Sol, poderemos estar relativamente seguros de que a probabilidade de existência de vida inteligente numa estrela promissora não é tão baixa quanto, digamos, uma em um milhão ou uma em um trilhão. Se a probabilidade fosse assim baixa, as estrelas com vida inteligente estariam muito esparsamente distribuídas pelo Cosmos e, portanto, seria improvável que uma delas se achasse perto do Sol.

Concluindo, a procura de mensagens provenientes de estrelas próximas envolve questões muito importantes. Se ouvirmos pelo rádio uma voz falando conosco de uma estrela vizinha, saberemos que a evolução de vida inteligente não é uma ocorrência relativamente rara na natureza e que o Universo provavelmente fervilha de vida inteligente de todos os formatos, tamanhos e níveis de desenvolvimento. Nas últimas décadas, os astrônomos vêm apontando as antenas de seus rádios para as estrelas, esperando ouvir um sussurro, um grito, uma mensagem longa que revele os segredos do Universo para aqueles que possam ouvir. Em breve, levados por essa esperança, eles passarão a escutar com um cuidado ainda maior.

14. Buscando contato com a vida cósmica

A busca de sinais de vida extraterrestre começou em 1960 nas montanhas da Virgínia Ocidental quando um jovem astrônomo chamado Frank Drake assestou o radiotelescópio de 85 pés do Observatório Nacional de Radioastronomia na direção da estrela Tau Ceti, uma das três estrelas vizinhas que se assemelham ao Sol.

O dr. Drake passou a noite toda e o dia seguinte na escuta, mas não detectou nenhum sinal incomum. Quando Tau Ceti se escondeu por trás do horizonte, ele voltou o radiotelescópio para Épsilon Eridani, outra estrela com possibilidade de abrigar vida inteligente, situada a apenas dez anos-luz de distância.

Um alto-falante fora acoplado ao receptor de rádio para que os astrônomos pudessem ouvir diretamente os sons do Universo. Eles ligaram o equipamento. Quase imediatamente o alto-falante emitiu uma série de sons agudos — *dit dit dit dit dit* — a um ritmo de oito vezes por segundo. De repente, os sinais foram interrompidos. Segundo o dr. Drake, ele e seus colegas ficaram "muito entusiasmados". Seria tão fácil assim detectar vida extraterrestre? Eles continuaram de ouvidos atentos em Épsilon Eridani, mas não tornaram a escutar o sinal da estrela.

Os sons agudos finalmente reapareceram duas semanas depois. Dessa vez, os astrônomos haviam montado uma segunda antena de rádio, bem menos sensível do que o radiotelescópio de 85 pés, mas que podia captar sinais de rádio de todas as direções, não apenas da direção da estrela

Epsilon Éridani. Eles raciocinaram que, se a série de sons agudos fosse captada pela segunda antena também, isso significaria que a fonte provavelmente era um objeto próximo, tal como um caminhão de passagem ou um avião. Com efeito, o sinal surgiu na segunda antena, ganhando intensidade e em seguida desaparecendo, como se viesse de um avião que voasse por ali naquele momento. Os astrônomos perderam o entusiasmo. Não haviam descoberto vida extraterrestre.

Outras buscas foram feitas desde então, todas com resultados negativos. A tarefa não é fácil, pois uma civilização extraterrestre poderia transmitir seus sinais em qualquer uma dos muitos bilhões de freqüências ou canais de rádio. Qual freqüência os astrônomos devem sintonizar? Eles têm de experimentar uma por uma.

Suponhamos que os astrônomos apontem seu radiotelescópio na direção de uma estrela promissora e ponham-se a escutar uma freqüência atrás da outra, até eliminarem todos os bilhões de possibilidades. Gastando dez segundos para escutar cada freqüência, eles levariam três mil anos na procura dos sinais dessa única estrela.

Alguns físicos afirmam que não é necessário gastar tanto tempo nessa busca. Eles indicam uma única freqüência no Universo — um canal especial que viria em primeiro lugar na mente de qualquer ser tecnicamente avançado que contemplasse as alternativas de freqüência para efetuar uma transmissão. Esses físicos salientam que o espaço está repleto de átomos de hidrogênio, e que cada átomo de hidrogênio atua como um radiotransmissor diminuto, emitindo um sinal frágil mas bastante puro numa freqüência de 1,4 bilhão de ciclos por segundo. Dado que o hidrogênio é o elemento mais abundante do Universo, a emissão de sinais por meio de um único átomo pode ser muito fraca, mas o número enorme de átomos de hidrogênio intensifica bastante o seu sinal combinado, além de tornar esse sinal facilmente detectável na galáxia.

Toda civilização adiantada a ponto de ter astrônomos saberia que os átomos de hidrogênio emitem sinais na freqüência especial de 1,4 bilhão de ciclos por segundo[1]. Os físicos dessa civilização, ao avaliarem as alternativas de freqüência para a transmissão de sinais até estrelas vizinhas, talvez pensassem a mesma coisa imaginada por nossos físicos: por que não agrupar todas as transmissões em torno de uma freqüência de 1,4 bilhão de ciclos por segundo, pressupondo que outros cientistas da galáxia também poderiam ter a mesma idéia? Os físicos extraterrestres concluiriam que a freqüência do átomo de hidrogênio, ou alguma outra freqüência próxima, provavelmente é o canal usado por todos os cientistas da galáxia para comunicações interestelares.

Essa sugestão foi útil para os astrônomos que buscavam mensagens extraterrestres, pois ela reduz a dez o número de freqüências, ou "estações", a serem examinadas e reduz o tempo de escuta para cada estrela de três mil para trezentos anos. Porém, para verificar as transmissões apenas das três estrelas promissoras que se acham nas vizinhanças do Sol levaríamos novecentos anos — um tempo ainda muito longo para um experimento científico. Mesmo esse demorado período de escuta não seria suficiente para re-

---

1. Sinais de rádio e televisão são ondulações de força elétrica e magnética no espaço que se difundem a partir de um transmissor de rádio ou TV. São como ondulações que se espalham pela superfície de um lago onde atiramos uma pedra. Os físicos dão a essas ondulações de força o nome de ondas eletromagnéticas. A freqüência do sinal é o número de ondulações ou ondas que passam por determinado ponto a cada segundo.

solver a questão, pois é possível que a vida seja comum no Universo como um todo, mas que, por acaso, não exista nas três primeiras estrelas que escutarmos. Ou, então, pode ser que uma delas seja habitada, mas suas estações estejam fora do ar quando voltarmos nossos telescópios na sua direção.

Se ficarem na escuta de três estrelas próximas do Sol por diversos anos e não ouvirem nada, os astrônomos com certeza desejarão escutar outras estrelas promissoras situadas um pouco mais longe. Infelizmente, o número de estrelas promissoras cresce rapidamente à medida que se amplia o campo de busca. Se for ampliado para 80 anos-luz — uma distância não muito grande na escala galáctica —, os astrônomos terão de considerar mais 800 estrelas promissoras. A tarefa parece irrealizável.

Todavia, há alguns anos a NASA pediu ao Congresso fundos para iniciar a busca de sinais de vida inteligente em outros sistemas solares. De início o senador William Proxmire, de Wisconsin, objetou, alegando que já era difícil encontrar vida inteligente em Washington. Posteriormente, porém, o senador reconsiderou sua posição. E o órgão espacial começou os preparativos para se pôr à escuta de vozes extraterrestres. Desde então, os cientistas da NASA e de várias universidades vêm se empenhando em construir novos equipamentos que tornem o projeto viável.

Os astrônomos e outros cientistas interessados nesse projeto deram-lhe o nome de SETI — Search for Extraterrestrial Intelligence [Busca de inteligência extraterrestre]. Eles estão otimistas quanto ao êxito do projeto — embora alguns o tenham comparado a procurar uma agulha num palheiro cósmico — devido aos avanços alcançados nos equipamentos eletrônicos, que alteraram o quadro das pesquisas desde a busca pioneira do dr. Drake em 1960.

O receptor de rádio usado pelos astrônomos na busca de 1960 podia ser sintonizado apenas em uma freqüência por vez, e o andamento era muito vagaroso. Hoje, avanços no campo dos computadores e da eletrônica tornam possível a escuta simultânea de milhões de freqüências. E os rádio-receptores projetados pela NASA especialmente para o SETI podem ser sintonizados em *oito milhões* de freqüências por vez. Essa façanha significa que a busca realizada em 1960, que durou dois meses, pode ser repetida numa pequena fração de segundo.

Os cientistas do SETI utilizarão o equipamento da NASA para entrar em sintonia com quase mil estrelas. Eles escutarão cada uma delas em 800 milhões de freqüências diferentes. Graças aos novos e extraordinários radioreceptores, essa busca levaria apenas um dia por estrela, e três anos de escuta ininterrupta para todas as milhares de estrelas da lista. Visto que os radiotelescópios são usados também para outros projetos astronômicos, a busca levará mais de três anos. Ela terá início por volta de 1990 e será concluída somente no ano 2000.

Essa busca será "direcionada" — direcionada para as estrelas mais promissoras no que diz respeito à existência de vida. Mas seres verdadeiramente avançados, com um bilhão de anos ou mais à frente do homem, talvez não vivam em estrelas ou planetas. Alguns astrônomos crêem que procurar vida extraterrestre evoluída num planeta é como procurar um passarinho numa casca de ovo vazia. Os seres inteligentes talvez nasçam em planetas como a Terra e vão embora quando atingem a maturidade.

Tendo em mente essas possibilidades mais amplas, os cientistas do SETI planejam um segundo projeto de escuta chamado *all-sky search* [*busca em todo o céu*]. Vasculhando o Cosmos inteiro com seus radiotelescópios, eles

RADIOTELESCÓPIOS. Os "telescópios" que de vez em quando procuram escutar mensagens de seres extraterrestres não são telescópios na acepção comum da palavra. Trata-se de aparelhos que detectam ondas de rádio, medem a sua intensidade e determinam a direção da qual elas provêm.

Estrelas e galáxias emitem muitos tipos de radiação, como os raios X, e os raios gama, os raios ultravioleta, a luz visível, a radiação infravermelha e as ondas de rádio. Desses diversos tipos de radiação, apenas duas — a luz visível e as ondas de rádio — atravessam livremente a atmosfera da Terra. Para descrever essa situação, os astrônomos dizem que a atmosfera tem duas "janelas".

Até 1931 as observações astronômicas limitavam-se à janela visível, mas naquele ano um engenheiro elétrico chamado Karl Janski deparou com um fenômeno que levou à descoberta da janela de rádio e ao nascimento da radioastronomia. Na época Janski não pensava em astronomia, e sim tentava resolver um problema prático encontrado na telefonia. Os telefonemas entre Londres e Nova York eram freqüentemente interrompidos pela estática, e Janski foi encarregado de descobrir de onde vinha a interferência. Depois de ter eliminado causas óbvias da estática, tais como tempestades de trovões, sobrou um tipo de ruído — um som sibilante que aparentemente não estava ligado a nenhum fenômeno terrestre.

Examinando a natureza do misterioso chiado, o engenheiro verificou que ele vinha de uma direção determinada no espaço, que posteriormente constatou-se ser o centro de nossa galáxia. Janski havia topado com ondas de rádio oriundas do espaço.

A descoberta do engenheiro foi feita com alguns fios esticados em quadros de madeira. Hoje em dia, a maioria dos radioastrônomos emprega grandes refletores curvos para coletar e focalizar ondas de rádio, assim como telescópios comuns coletam e focalizam ondas de luz.

O maior radiotelescópio do mundo — mil pés de diâmetro — localiza-se em Porto rico, numa concavidade natural situada nas colinas próximas a Arecibo, no extremo oeste da ilha. A fotografia (*na outra página*) mostra a grande antena, que é imóvel mas sonda diversas direções alterando a localização do receptor de rádio em seu foco. A direção para a qual o telescópio é assestado também varia durante o transcorrer do dia, à medida que a Terra gira. A variação combinada é suficientemente grande para o instrumento ser "apontado" na direção de todos os planetas do Sistema Solar assim como de muitas galáxias.

se porão à escuta de mensagens vindas de qualquer direção, inclusive de regiões onde não existe nenhuma estrela promissora. Os cientistas planejam dividir o céu em um milhão de partes e examinar metodicamente cada uma delas durante cerca de dois minutos.

Eles também examinarão todas as freqüências de rádio que possam penetrar a atmosfera e atingir a Terra, e não somente as que se acham próximas da freqüência do átomo de hidrogênio. Assim, eles levarão em conta a possibilidade de os físicos extraterrestres estarem menos interessados pela freqüência especial do átomo de hidrogênio do que os físicos da Terra.

Suponhamos que os astrônomos recebam um sinal. Como irão determinar se o sinal é uma mensagem de uma civilização em outra estrela ou uma explosão de estática da galáxia? Mais uma vez, a resposta passa pelas freqüências. Os "sinais" produzidos por fenômenos naturais são, quase sempre, difundidos ao longo de uma ampla gama de freqüências, mas mensagens enviadas por seres inteligentes irão se concentrar, com praticamente toda a certeza, numa faixa de freqüência bastante estreita. (Se os radiodifusores distribuírem o sinal por uma faixa ampla de freqüências, o sinal será fraco demais em qualquer freqüência para se destacar do fundo natural da estática da galáxia.) Quando os astrônomos sintonizarem seus rádio-receptores na freqüência utilizada pelos cientistas extraterrestres, o sinal será bem nítido.

Pode-se imaginar o radioastrônomo diante do receptor, girando lentamente o botão do mostrador, sintonizando uma freqüência atrás da outra e ouvindo nada mais que estática — até que, em determinado ponto do mostrador, ouve-se um sinal claro. É exatamente isso o que a NASA e os cientistas das universidades farão. A única diferença é que um computador estará girando o botão, sintonizando oito milhões de freqüências por vez.

Estamos na escuta. Em breve faremos isso com mais empenho ainda. A mensagem um dia virá — a não ser que o homem esteja só. Contemplando essa possibilidade, devemos lembrar que, quando chegar, depois de uma espera tão ansiosa, a mensagem provavelmente terá sido enviada por uma forma não-humana de vida inteligente — criaturas tão distantes dos seres humanos na escala evolucionária quanto os seres humanos e as criaturas rastejantes do mar.

Será importante estabelecer contato com uma forma de vida tão acima de nós? Será sábio fazê-lo? Para termos uma ligeira idéia de quais seriam as recompensas de um encontro dessa natureza, consideremos um diálogo com criaturas de um planeta que seja tão-somente um milhão de anos mais velho do que a Terra.

Na evolução da inteligência, um milhão de anos é um longo tempo. Grandes cientistas como Einstein surgem de mil em mil anos. Grandes inventores de tecnologias novas, talvez a cada duas ou três décadas. No próximo milhão de anos, mil Einsteins podem viver na Terra, além de centenas de milhares de grandes inventores. Suponhamos que uma sociedade mais antiga, que há muito tempo trilhou o caminho no qual começamos a engatinhar, revele todas essas teorias e invenções para nós. Podemos aprender o segredo da imortalidade, da energia virtualmente inesgotável, de curas para as mais temidas doenças. A sabedoria de uma civilização mais velha e muito superior poderia ser nossa.

Pensar nesses tesouros assombra nossa imaginação. Mas há riscos. No contato entre civilizações cientificamente avançadas e sociedades primitivas — e é esse o termo que devemos aplicar à humanidade quando ela se prepara para ingressar na comunidade galáctica —, os povos menos adiantados geralmente são destruídos pelo encontro. Qualquer que seja o propósito da civilização tecnicamente avançada, forças poderosas sob seu domínio rompem o tecido da sociedade primitiva. Tal foi o destino dos índios americanos, dos aborígines australianos, dos tasmanianos, dos polinésios.

O destino desses povos é um exemplo das conseqüências fatais do contato entre civilizações separadas por alguns milhares de anos de evolução cultural. O que podemos esperar de um encontro entre civilizações separadas por muitos milhões de anos de evolução? O homem pode sobreviver ao choque do encontro?

É tarde demais para pensar nessas questões. A camada de transmissões televisivas que partem da Terra já passou por muitas estrelas iguais ao Sol. Eles sabem que estamos aqui. Não podemos voltar atrás.

15. Voyager e Galileu: *Uma odisséia no espaço*

Algum dia nossos descendentes sairão do sistema solar para viajar no vácuo interestelar que se estende para além das suas fronteiras. Num futuro não muito distante, a viagem não será realizada por homens, mas por instrumentos. Alimentados pela energia gerada pelo sol, capazes de realizar suas tarefas sem o incômodo de ter de eliminar os resíduos do metabolismo orgânico, dotados de um grau altíssimo de inteligência artificial, estes substitutos do homem abrirão o caminho para as estrelas.

Os primeiros passos nesse sentido já foram dados. Na década de 1970, quatro naves da NASA — *Pioneer 10, Pioneer 11, Voyager 1* e *Voyager 2* — foram lançadas em rotas que as levariam aos limites do sistema solar. A *Voyager 1* já ultrapassou a órbita de Plutão, o planeta mais externo do sistema, e hoje afasta-se à velocidade de mais de um milhão e meio de quilômetros por dia. No final de 1990, as outras três naves também terão atravessado a órbita de Plutão e estarão penetrando no espaço interestelar.

A *Voyager 2* passará por Alfa do Centauro, a estrela mais próxima do nosso sistema solar, por volta de 20.000 d.C. No milhão de anos seguinte passará por, mais ou menos, uma dúzia de estrelas próximas. Devido à distribuição difusa das estrelas pelo espaço, as chances de que a *Voyager 2*, ou uma de suas irmãs, venha a se chocar com uma estrela são insignificantes. Frias e silenciosas, elas provavelmente vagarão pelo espaço para sempre.

Em princípio, as naves *Pioneer* e *Voyage* não foram projetadas para viagens interestelares. Sua missão principal era o reconhecimento dos quatro planetas gigantes e dos seus satélites. As naves *Voyager* obtiveram as informações mais detalhadas — as duas passaram por Júpiter, Saturno e as suas dúzias de satélites a distâncias relativamente próximas, e a *Voyager 2* ainda fez o reconhecimento de Urano em 1986. Em 1989, a mesma espaçonave chegou a Neturno. A porção exterior do sistema solar deixou de ser *terra incógnita*.

O encontro com Netuno foi o clímax de uma odisséia espacial que cobriu 8 milhões de quilômetros em doze anos. A *Voyager* foi lançada em 1977 para aproveitar uma extraordinária oportunidade oferecida pelas leis da mecânica celeste neste período final do século XX. No final da década de 1970 e na década de 1980, os quatro planetas gigantes situaram-se de maneira a permitir que uma nave espacial visitasse todos eles e sua luas, usando a gravidade de cada planeta para obter impulso adicional e prosseguir em sua jornada. A viagem a Urano, que durou nove anos, teria durado trinta sem essa "ajuda". O providencial alinhamento dos quatro planetas ocorreu pela última vez durante a administração de Thomas Jefferson e não se repetirá nos próximos 175 anos.

Denominados a "Grande viagem" pelos astrônomos, os vôos da missão *Voyager* foram um *tour de force* da exploração planetária. As naves pesavam, cada uma, quase uma tonelada, estavam repletas de câmaras e instrumentos científicos, continham cinco milhões de componentes eletrônicos e continuaram a executar todas as suas importantes tarefas científicas no frio do espaço ao longo de doze anos.

As duas naves descobriram vinte e seis novos satélites orbitando ao redor do planetas gigantes; tiraram fotografias detalhadas de todos esse planetas, as quais revelaram imagens de cores estranhas e de uma beleza incomum. O planeta que se revelou mais impressionante foi Júpiter, uma bola de líquido e gás rodopiando no espaço, com mais de 140.000 km de diâmetro — mais de 10 vezes o tamanho da Terra e com 318 vezes mais massa. Júpiter tem mais massa que os outros oito planetas juntos, e, por isso, sua gravidade é muito mais forte do que a da Terra. Um astronauta que pousasse na superfície do Planeta Gigante seria esmagado pela sua força gravitacional, que o faria pesar mais de 250 kg.

Mas tal pouso nunca poderá ocorrer, pois Júpiter não possui uma superfície sólida. Abaixo de suas nuvens revoltas existe apenas um vasto mar de hidrogênio líquido.

O hidrogênio líquido une-se quase que imperceptivelmente à densa atmosfera, que é o principal motivo para o grande interesse científico despertado por Júpiter. A atmosfera contém, além de uma abundância de hidrogênio e hélio, quantidades apreciáveis de gases nocivos como a amônia e o metano. O planeta também contém água, que se encontra em estado gasoso na parte inferior da atmosfera, onde a temperatura é elevada, mas em estado líquido nas camadas superiores, de temperatura mais baixa.

A abundância de amônia e metano, assim como de água e hidrogênio, torna Júpiter fascinante para os estudiosos da origem da vida. Por conter tais substâncias na sua atmosfera, Júpiter pode oferecer a resposta para um dos grandes mistérios do Cosmo: como a vida surgiu da matéria inanimada?

A teoria da origem da vida tida como mais provável pelos cientistas tem como ponto de partida a Terra recém-formada. A atmosfera do planeta conteria então não apenas vapor d'água, como hoje, mas também grandes quantidades de gases como o metano, a amônia e o hidrogênio — os mesmos hoje presentes na atmosfera de Júpiter.

Experimentos de laboratório demonstraram que esses quatro gases — o vapor d'água, a amônia, o metano e o hidrogênio —, quando misturados e energizados por uma descarga elétrica, produzem uma quantidade enorme das moléculas que constituem a matéria-prima da vida.

A teoria científica da origem da vida sugere que os relâmpagos das tempestades primitivas — que correspondem às descargas elétricas das experiências de laboratório — energizaram os gases da atmosfera da Terra e produziram uma abundância de aminoácidos e nucleotídeos — os componentes das proteínas e do ADN.

Os aminoácidos e os nucleotídeos, ao se acumularem nos oceanos e lagos da Terra, constituíram um caldo nutritivo. Colisões aleatórias nesse caldo, repetindo-se interminavelmente ao longo de muitos milhões de anos, produziram moléculas cada vez maiores até que, finalmente, por puro acaso, uma molécula atingiu o limiar da vida.

Ultrapassado esse limiar, a evolução teve início, e as leis da seleção natural entraram em cena para produzir a variedade de plantas e animais hoje existentes. Gradualmente, a evolução partiu do simples para o complexo, das formas primitivas de vida para as mais avançadas, até que, finalmente, surgiram os primeiros humanos sobre a Terra.

Que indícios concretos sustentam essa hipótese? Nenhum. Se pudéssemos encontrar uma dessas moléculas complexas que supostamente se situam na fronteira entre a vida e a matéria inanimada, conseguiríamos descobrir como a natureza transpôs essa fronteira há bilhões de anos. Contudo, os gases com a centelha da vida, que desempenham o papel principal nessa teoria, já desapareceram há muito da atmosfera da Terra, e o experimento da natureza chegou ao fim. Não há esperança de descobrirmos, observando apenas o nosso planeta, como foram conduzidos esses experimentos.

Mas a atmosfera de Júpiter ainda tem em abundância a amônia e os outros gases da vida. As experiências que resultaram no surgimento da vida, que também devem ter começado em Júpiter quando o planeta era jovem, têm prosseguido durante bilhões de anos, e *ainda estão ocorrendo.*

Mesmo as descargas elétricas, essenciais para o sucesso das experiências em laboratório, estão presentes em profusão; as fotografias da *Voyager* retrataram regiões brilhantes na atmosfera do planeta que sugerem a ocorrência de poderosos relâmpagos, numa escala que reduz à insignificância a experiência terráquea.

Como todas as condições do experimento estão presentes na atmosfera de Júpiter em escalas muito maiores, podemos ter quase certeza de que os componentes básicos da vida existem em grandes quantidades no planeta. Os produtos resultantes das suas colisões também devem estar presentes e, entre eles, podem estar as moléculas mágicas do limiar da vida. Júpiter oferece uma oportunidade inigualável de descobrirmos como a vida surgiu sobre a Terra e como poderia surgir em outras partes do Cosmo. É o cadinho da vida.

Com perspectivas tão instigantes à espera dos primeiros exploradores de Júpiter, a NASA começou a planejar na década de 1970 o lançamento de uma nave que viajaria até o planeta e lançaria uma sonda na sua atmosfera, dando assim início à busca dos componentes básicos da vida. A nave recebeu o nome de Galileu, o primeiro cientista a estudar Júpiter por meio de telescópio, há quase 400 anos.

Galileu foi lançada no fim de 1989 e chegará a Júpiter em 7 de dezembro de 1995. A viagem durará seis anos porque Galileu terá antes de percorrer vários circuitos no sistema solar, rodeando a Terra duas vezes e Vênus uma, antes de se dirigir a Júpiter. Cada vez que passar pela Terra ou Vênus, a nave receberá impulso adicional da força gravitacional de cada planeta, até finalmente alcançar a velocidade que possibilite sua chegada à órbita de Júpiter. Esse impulso adicional triplo será a manobra espacial mais complexa jamais realizada.

Os instrumentos da Galileu realizarão observações muito interessantes durante as duas passagens pela Terra, entre elas a medição dos gases responsáveis pelo "efeito-estufa" e pela destruição da camada de ozônio. *Galileu* também estudará as regiões ainda não mapeadas da Lua e procurará possíveis depósitos de gelo acumulados nas crateras dos pólos lunares. Tais depósitos constituiriam um importante recurso para os futuros exploradores do satélite.

Mas o ponto culminante da missão *Galileu* ocorrerá quando a nave entrar na órbita de Júpiter e tornar-se o seu 16º satélite. Da sua órbita, bem acima da superfície visível de Júpiter, *Galileu* lançará na atmosfera do planeta uma sonda contendo instrumentos científicos sensíveis. A sonda penetrará na atmosfera com a velocidade de mais de 180.000 km/h. Quando a fricção atmosférica reduzir essa velocidade para cerca de 160.000 km/h, o pára-quedas da nave irá se abrir, e ela descerá suavemente por entre as nuvens de Júpiter.

Alguns dos instrumentos da sonda podem detectar a presença dos componentes básicos da vida. Os dados registrados por esses instrumentos serão transmitidos por rádio até a nave-mãe, em órbita ao redor do planeta, e de lá, percorrendo mais de meio bilhão de quilômetros pelo espaço, até os cientistas do Laboratório de Propulsão a Jato na Califórnia. A recepção desses dados marcará uma etapa importantíssima da ciência — a primeira tentativa de confirmar uma teoria sobre a origem da vida.

Posfácio — O desenvolvimento da percepção do Cosmos

A Terra parece vasta e imóvel. Ao longo de dois milhões de anos na pré-história do homem, ela foi o palco de toda a experiência humana. O céu nada mais era que uma tela de fundo, polvilhada de luzes em movimento. A astronomia e a exploração espacial levaram-nos à idéia oposta, à constatação de que o Universo é vasto — e de que o mundo dos homens é pequeno.

Para quem acompanha o movimento do Sol dia após dia e o movimento da Lua e das estrelas noite após noite, é óbvio que a Terra constitui o centro do Universo e que os corpos celestes giram em torno dela diariamente, rendendo homenagem ao lar do homem. Todo dia o Sol cruza a abóbada do céu. Toda noite a Lua e as estrelas fazem sua majestosa procissão pelo firmamento.

Nos tempos antigos, os homens se maravilhavam com esse movimento noturno dos corpos celestes e se perguntavam qual era a causa dele. Acompanhando as estrelas noite após noite, mais tarde perceberam que a sua forma não se alterava; as estrelas da Ursa Maior atravessavam o céu como uma unidade. Refletindo sobre esses fatos, os primeiros astrônomos concluíram que as estrelas deviam estar presas a uma enorme esfera que envolvia a Terra. A esfera circundava nosso planeta a cada 24 horas, e com ela giravam as estrelas. No centro da esfera de estrelas estava a Terra, sólida e imóvel, convenientemente colocada no eixo do Universo.

Alguns astrônomos da Grécia antiga tiveram a idéia de que talvez fosse a Terra, e não o céu, que girava sobre seu próprio eixo a cada 24 horas. Isso criaria um movimento aparente do céu. As estrelas podiam estar fixas no espaço, mas uma pessoa postada na Terra em rotação teria a impressão de que elas estavam se deslocando na direção oposta, assim como a paisagem parece rodar em torno de uma pessoa que esteja num carrossel. E um astrônomo grego teve um pensamento ainda mais estranho: ele sugeriu que a Terra, além de girar em seu próprio eixo, talvez girasse em volta do Sol.

Embora essas idéias sejam familiares para nós hoje em dia, na época dos gregos elas foram ridicularizadas ou desprezadas, e, algum tempo depois, desapareceram por completo. Para a maioria das pessoas, parecia absurdo postular que a gigantesca Terra podia girar em seu próprio eixo feito um pião ou navegar pelo espaço tal qual um navio. Tudo o que não fosse atado à Terra seguramente seria deixado para trás; uma flecha atirada para o ar cairia a muitos quilômetros de distância; uma pedra jogada de uma torre nunca atingiria o chão diretamente abaixo; rochas e árvores seriam arrancadas da Terra em rotação feito a lama que se desprende das rodas de uma carroça em movimento. Como ninguém nunca vira tais coisas, a Terra só podia ser imóvel, e o Sol, a Lua e as estrelas deviam girar ao seu redor diariamente. Toda experiência humana comprovava isso.

Mas um fato destoava da idéia de uma Terra fixa envolta por uma esfera giratória de estrelas. Cinco "estrelas" tinham um comportamento estranho; ao invés de manterem posições fixas em relação às outras estrelas, elas vagavam pelo céu, ora perto de uma estrela ora de outra. Os astrônomos gregos, desconcertados com o fato de os cinco objetos misteriosos diferirem de qualquer outra estrela, deram-lhe o nome de Errantes ou *planētēs*, em grego.

Hoje, planeta significa uma imensa bola de pedra e ferro como a Terra ou Marte, ou então uma enorme esfera de hidrogênio como Júpiter. Os astrônomos gregos, porém, sem telescópios, não faziam idéia de que os objetos denominados planetas podiam ser corpos imensos como a Terra. Para eles, um planeta era apenas um ponto de luz no céu, semelhante a uma estrela.

Confusos com o movimento errático dos planetas, os primeiros astrônomos observaram cuidadosamente a sua posição, ano após ano, e, algum tempo depois, perceberam um padrão nos movimentos. Cada planeta, ou estrela errante, descrevia uma curva no céu noturno, primeiro de leste para oeste, depois de oeste para leste.

Se estavam presos à grande esfera que rodava no céu, os planetas deveriam se movimentar pelo espaço apenas de leste para oeste, numa procissão fixa ao lado das demais estrelas. Não havia dúvida; eles não podiam estar ligados à esfera celeste. Deviam situar-se em algum outro lugar do espaço. Mas onde? E por que se moviam para trás e para a frente em curvas?

Refletindo sobre essas questões, dois astrônomos gregos, Apolônio e Hiparco, tiveram uma idéia engenhosa. Imaginaram que cada planeta devia estar ligado à borda de uma roda que girava pelo céu. À medida que essa roda girava, o planeta descrevia a curva que observamos.

Em princípio a idéia funcionava bem. Entretanto, quando tentaram harmonizar esse quadro de rodas girando pelo céu com os movimentos observados dos planetas, os astrônomos verificaram que só teriam êxito com a pressuposição de que as rodas giravam sobre rodas. Em outras palavras: um planeta se movia na borda de uma roda, que se movia em torno da borda de uma outra roda.

O astrônomo Ptolomeu, que viveu no segundo século de nossa era, constatou que eram necessárias apenas quarenta rodas sobre rodas para descrever os movimentos do Sol, da Lua e dos cinco planetas conhecidos na época.

As rodas giratórias de Ptolomeu pareciam coerentes, mas seu modelo do céu foi considerado muito complicado. Alfonso, rei de Castela e Aragão, ao tomar conhecimento do sistema ptolomaico, observou: ''Se o Senhor houvesse me consultado, eu teria recomendado algo mais simples.'' E John Milton, que tinha de ensinar o sistema ptolomaico no século XVII, escreveu com aborrecimento sobre Ptolomeu e seus seguidores:

> Como eles conseguem
> Salvar as aparências, como cingem a Esfera
> Rabiscando Concêntrico e Excêntrico em cima de
> Ciclo e Epiciclo, Orbe em Orbe...

Mesmo assim, a idéia ptolomaica do Universo era o melhor que o cérebro humano podia imaginar. Apesar de desajeitada, ela durou quase 14 séculos.

Finalmente, por volta de 1500, um clérigo polonês chamado Copérnico fez uma sugestão estranha. A Terra se move, disse ele, retomando as desacreditadas e esquecidas teorias dos antigos astrônomos gregos. A Terra gira em torno do Sol a cada ano e gira em torno de seu eixo a cada dia. Já não é mais a Terra que se acha no centro do Universo. Agora é o Sol, escreveu Copérnico, que ''está entronizado no centro de todos'', o Sol, ''com justiça chamado a Lâmpada, a Mente, o Senhor do Universo, congregando seus filhos, os planetas, que giram a seu redor''.

Por que Copérnico ressuscitou idéias que haviam morrido na Grécia antiga — idéias que haviam permanecido mortas por quase dois mil anos? Ele descreveu seus motivos posteriormente, na introdução de seu livro sobre a nova teoria do Universo. Parecia mais racional, escreveu, admitir que a Terra girava em torno do seu eixo a cada 24 horas do que acreditar que todo o Universo viajava a uma velocidade fantástica na direção oposta todos os dias.

A maioria dos astrônomos, porém, viu a teoria de Copérnico como um malogro. Todos os velhos problemas continuavam sem solução. Se a Terra girasse, os objetos e as pessoas sairiam voando. Se ela circundasse o Sol, as coisas seriam deixadas para trás, no espaço. Martinho Lutero chamou o clérigo polonês de "tolo" por ter tentado subverter a astronomia e por contradizer a Bíblia, ressaltando, irado, que "as Escrituras Sagradas dizem que Josué ordenou ao Sol que ficasse parado, e não à Terra".

Mas, aos poucos, a teoria copernicana arraigou-se na mente dos homens. Ela possuía um quê de novidade, trazia idéias inéditas, que ultrapassavam em muito a ciência da astronomia. Os homens perceberam as implicações de um Universo centrado no Sol. Consideremos os seguintes fatos, disseram: os cinco planetas giram em torno do Sol; visto que os planetas se portam da mesma maneira que a Terra, eles devem ser objetos semelhantes.

Era uma conclusão surpreendente. Até então, os astrônomos julgavam que os planetas fossem esferas duras e polidas, feitas de uma substância parecida com uma pedra preciosa, perfeitas e imutáveis, ao passo que a Terra compunha-se de substâncias comuns como lama, pedra e água. Se a Terra e os planetas são objetos semelhantes, raciocinaram os seguidores de Copérnico, os planetas também devem ser feitos de lama, pedra e água. Esse pensamento inquietante levou a outro: se os planetas são feitos do mesmo material que a Terra, eles talvez contenham vida. Talvez existam pessoas neles.

Que idéias radicais! Elas eram um presságio dos mais recentes desdobramentos da ciência do século XX, que vinculam a vida na Terra à vida no Cosmos. A astronomia de Copérnico foi o primeiro passo da revolução copernicana. Copérnico tirou a Terra do centro do Universo e no lugar dela colocou o Sol. O segundo passo foi dado por outros — eles tiraram o Sol do centro e não puseram nada em seu lugar. Não há centro, disseram; o Universo é infinito e contém um número infinito de estrelas. Cada estrela é um sol como o nosso Sol. Cada uma delas tem uma família de planetas.

Essas idéias finalmente levaram à idéia moderna de um Universo povoado por incontáveis sóis, incontáveis terras e, quem sabe, incontáveis formas de vida. Esse pensamento expressa a essência da revolução copernicana: o homem é supremo entre as formas de vida deste planeta, mas modesto na ordem cósmica. A mente científica jamais fez uma revelação tão surpreendente.

Agradecimentos

Estou grato a muitos amigos e colegas que generosamente se dispuseram a trocar idéias comigo, pessoalmente ou por cartas, a respeito dos aspectos técnicos da exploração espacial e das propriedades dos planetas semelhantes à Terra. Barney B. Roberts, do Centro Espacial Johnson, da NASA, propiciou-me uma valiosa visão global do planejamento de vôos tripulados para Marte e dos fatores técnicos restritivos em viagens espaciais de longa duração. O dr. Arnauld E. Nicogossian, da Sede da NASA, contribuiu com informações fascinantes sobre os riscos médicos e psicológicos em viagens de um ano pelo Sistema Solar. O professor John Lewis, do Observatório Lunar e Planetário da Universidade do Arizona, partilhou comigo seu enorme conhecimento teórico, aprimorado por suas observações, sobre as propriedades dos maiores e menores corpos do Sistema Solar e a origem e evolução das atmosferas planetárias.

James Oberg, como sempre, foi uma inestimável fonte de informação sobre os planos e realizações dos soviéticos em viagens espaciais e, particularmente, sobre as missões soviéticas a Fobos e Marte em relação aos planos americanos para a exploração de Marte. Agradeço também a Duke Reiber por sua ajuda na compilação de um grande volume de informações derivadas da Conferência sobre Marte da NASA. O professor Ben Finney, da Universidade do Havaí, contribuiu com esclarecimentos sobre a história da exploração humana que enriqueceram minha compreensão das perspectivas de viagens para fora do Sistema Solar.

Foi um prazer trabalhar com Henry Ferris, meu editor na Bantam Doubleday Dell. Suas críticas e sugestões inteligentes contribuíram para a organização de todo o trabalho e para a clareza de alguns trechos. Doris Cook, depois de ter cooperado em todos os meus escritos dos últimos dez anos, mais uma vez ofereceu-me sua valiosa colaboração. Sua grande habilidade no uso da linguagem em muito contribuiu para a explicação dos conceitos científicos apresentados neste livro. Quero agradecer ainda a meu grande amigo Lisl Cade por ter estimulado discussões a respeito de todos os temas de maior importância deste livro. Minha mãe, Marie Jastrow, deu muitas sugestões, que facilitaram ainda mais a leitura de trechos técnicos para o público em geral. O livro deve muito à sua clareza de pensamento.

Crédito das Ilustrações

Capítulo 1
15-17 NASA
18-19 Cortesia de Barrett Gallagher
21-22 NASA

Capítulo 2
25 *The New York Times*
36-37 Institute for Advanced Study, Princeton, cortesia de John A. Bakcall e John L. Tonry
38-39 NASA Jonhson Space Center, cortesia de Donald J. Kessler; análise de Ron Bernhard, Lockheed Corporation

Capítulo 3
50-51 Hale Observatories
52 Adaptado de *Astronomy: Fundamentals and Frontiers* de Robert Jastrow e Malcolm Thompson. Publicado por John Wiley and Sons, New York, 4ª ed.
53 Cortesia dos arquivos AT&T

Capítulo 4
63-66 Hale Observatories
67-69 European Southern Observatory, cortesia de Richard West

Capítulo 5
77 Copyright © 1986, Royal Observatory, Edinburgh, cortesia de Lance Miller
83 The National Radio Astronomy Observatory, cortesia de Richard A. Perley, John W. Dreher e John J. Cohan
84 Hale Observatories

Capítulo 6
102 Cortesia de Barrett Gallagher
103-104 Jet Propulsion Laboratory, California Institute of Technology
108-109 U.S. Air Force
110 Lunar and Planetary Laboratory, Department of Planetary Sciences, University of Arizona, cortesia de Uwe Fink
111 Bell Aerospace Corporation © 1986. Max Planck Institut für Aeronomie, cortesia de Harold Reitsema

Capítulo 7
119 Jet Propulsion Laboratory e University of Arizona, cortesia de Bradford Smith e Richard Terrile.
180 Hale Observatories

Capítulo 8
125 United Press International
133 Jet Propulsion Laboratory
134-139 Jet Propulsion Laboratory

Capítulo 9
151-152 Jet Propulsion Laboratory

Capítulo 10
155 NASA Historian's Office, NASA Wallops Flight Facility

Capítulo 14
199 Arecibo Observatory (Nacional Astronomy and Ionosphere Center, Cornell University)

Impresso nas oficinas da
EDITORA PARMA LTDA.
Telefone: (011) 912-7822
Av. Antonio Bardella, 280
Guarulhos - São Paulo - Brasil
Com filmes fornecidos pelo editor